Petra Krivy

Lernen mal anders

Neue und kreative Ideen für das Hundetraining

IMPRESSUM

Einbandgestaltung: r2 | Ravenstein, Verden
Titelbild: Aart van Laar

Bildnachweis
Foto auf der Rückseite: Anna-Lisa Breuning;
Melanie Drecker: S. 19, 20, 30, 73, 80;
Michaela Drecker: S. 6, S. 11, 14, 71, 72, 74, 75, 78, 79, 91; Ilona Ebinal: S. 4;
Frank Kauffeldt: S. 8, S. 9, 13, 15, 16, 17, 18, 21, 22, 23, 24, 25, 26, 27, 28, 34, 35, 36, 39, 40, 43, 44, 45, 52, 53, 54, 57, 58, 59, 61, 63, 64, 77, 84, 85, 86, 87, 88, 90, 91;
Michaela Liesen: S. 29, 33, 37, 49, 50, 51, 55, 56, 67, 68, 69, 70, 81, 82, 83;
Petra Machovsky: S. 32, 42; Brigitta Pertschy: S. 10, 92, 93;
Steve Prinz@pixelio.de: S. 31

ISBN 978-3-275-02140-6

Postfach 103743, 70032 Stuttgart
Ein Unternehmen der Paul Pietsch Verlage GmbH & Co. KG

1. Auflage 2018

Sie finden uns im Internet unter www.mueller-rueschlikon-verlag.de

Lektorat: Claudia König
Innengestaltung: r2 | Ravenstein, Verden
Druck und Bindung: Graspo CZ, 76302 Zlin
Printed in Czech Republic

INHALT

EINLEITUNG

Vor einiger Zeit wünschten sich meine lieben »Damen von fellomenal«, der Wissensagentur rund ums Tier (www.fellomenal.de), einen besonderen Praxistag. Anders als bei »normalen« Praxisseminaren sollte Trainern und Leitern von Hundetreffs und -runden kleine Übungen und Trainingsansätze an die Hand gegeben werden können, um bestimmte theoretische Basics und Hintergrundinformationen, z.B. zu Körpersprache (Mensch wie Hund), Lernmechanismen, Hundeverhalten allgemein, dem Mensch-Hund-Miteinander usw., für Kunden bzw. allgemein für Hundehalter sichtbar und dadurch leichter nachvollziehbar zu machen. Was lässt sich wie, wann und warum einfach am Hund »ablesen«? Warum klappt etwas nicht oder nicht wie erhofft? Was gibt es bei dem einen oder anderen menschlichen Tun zu bedenken? Und warum kann nicht mit allen Hunden gleich umgegangen werden? Was motiviert, was langweilt, was stößt vielleicht sogar ab im Miteinander?
So entstand nach dem »etwas anderen Praxistag« die Idee zu einem kleinen Büchlein, welches thematisch den Inhalt des Tages aufgreift und

festhält. Ein Buch, das kein Hundeerziehungsbuch ist, aber u.a. Verständnis für den Hund und seine Reaktion wecken möchte – was wiederum Anleitung und Erziehung besser »ankommen« lässt.

»Lernen mal anders« – gilt hier eigentlich nicht für den Hund, sondern für den Menschen! Die dargestellten Übungen lassen den Menschen erkennen, wie selbst kleinste Maßnahmen große Auswirkungen haben können, zum Beispiel beim immer aktuellen Thema Körpersprache, aber auch bei der Wirkung von Blickkontakt und dem Sinn (und Unsinn) des gesprochenen Worts. Hierbei darf der Mensch auch gelegentlich selber mal ins Fell des Hundes schlüpfen und im Rollenspiel nachempfinden.

Gelernt werden kann hier durch **Sehen**, durch **Erleben,** durch **»Was-wäre-wenn-Praxisübungen«**. Erklärungen zu dem Warum und Wieso sind stets eher kurzgefasst (denn die Bilder und das in der Praxis zu Erlebende sagen mehr als 1000 Worte!) bei den »Übungen«/Tests angegeben. Selbst die Akteure bei den Fototerminen waren teilweise völlig überrascht, wie deutlich der Hund variierende Reaktionen auf unterschiedliche Signale des Menschen zeigt: gleicher Hund, gleicher Mensch, unterschiedliche Körpersprache in gleicher Situation (siehe Seiten 19 & 20). Auf weiter ausschweifende Theoriepassagen wird absichtlich verzichtet, hierzu gibt es genügend empfehlenswerte Literatur. Wer daran Interesse hat, findet Angaben im Anhang oder kann sich auch gern per Mail an mich wenden.

Aber auch **»Lernen mal anders«** für den Vierbeiner, anders aufgebaut, fernab vom Einheits-Sitz und -Platz, mit Spaß und Kreativität und dem Miteinander (Mensch-Hund und Hund-Hund) und der Kooperation (Mensch-Hund) im Vordergrund. Und nicht immer nur auf einen eingezäunten Ort an immer gleicher Stelle beschränkt. »Runter vom Platz, rein in den Alltag - und die Umwelt erleben«, ist die Devise, die immer wieder zwischendurch gelten sollte, auch und gerade im Hundeschulbetrieb. Und dabei lassen sich die unterschiedlichsten Dinge und Geräte (man fasse den Begriff so weit wie möglich) finden und mit einbinden. Einfach Augen auf, Phantasie sprießen lassen und mit Erfindungsgabe und Ideenreichtum ran ans Mensch-Hund-Alltags-Miteinander!

Auf den folgenden gut 90 Seiten wird lediglich eine kleine Anzahl Anregungen gegeben. Jeder kann nach Lust und Laune variieren, kombinieren, weiterentwickeln, ergänzen, erweitern und, und, und. Es gibt absolut keinen Anspruch auf Vollständigkeit, keinen Anspruch auf Einzigartigkeit, keinen Anspruch auf pauschale Allgemeingültigkeit – den KANN es auch gar nicht geben, wo Individuum auf Individuum trifft! Es sind lediglich Anregungen aus der Praxis für die Praxis.

Bei den verschiedenen Aktionen geben die farblich unterschiedlich gestalteten Tatzen Hinweise, für wen sich die »Übung« (nennen wir es mal so, auch wenn es keine im eigentlichen Sinn ist) eignet, was sie verdeutlicht und wozu sie geeignet ist, wie sie durchgeführt wird und was eventuelle Stolperfallen sein könnten oder was zu beachten ist.

Ich wünsche viel Spaß beim Lesen und Ausprobieren, viele Erkenntnisse, Ahas und Ach-Sos – und viele eigene kreative Ideen!

1.
Wie körpersprachliche Signale **Lernen und Reagieren** beeinflussen

»Ich sehe, was Du siehst, und weiß, was es bedeutet« – Der Blickkontakt

Dass Blickkontakt vom Menschen zum Hund und vom Hund zum Menschen wichtig ist und weitreichende Bedeutung haben kann, hat man landläufig bereits oft gehört. Alle Hundehalter kennen Situationen, wo Hunde ihren Blick gekonnt eingesetzt haben, um eigene Ziele zu erreichen, sei es Futter, Spielzeug, Kuscheleinheiten oder sonstige Aufmerksamkeit zu ergattern. Der »Dackelblick« ist sprichwörtlich! Und man vermeint auch Gestimmtheiten im Blick klar zu erkennen, von Freude bis Unwohlsein, von Begeisterung bis Vorwurf, von sozialem Teamgeist bis eigenbrötlerisch ablehnender Distanz oder sogar egozentrischem Narzissmus. Und das ist gar nicht so weit hergeholt oder sogar »gnadenlos vermenschlicht«, als was solche Interpretationen früher gern abgetan wurden.

Was Hundehalter immer erlebten, aber selten zu äußern sich getrauten, ist heute nachgewiesener Fakt: Hunde sind in der Lage zu lächeln, zu lachen. Es wird vermutet, dass als Folge der Domestikation Hunde gelernt haben, das Lächeln des Menschen nachzuahmen und die damit verbundenen positiven Stimmungen zu erzeugen und zu transportieren. Der viel zu früh verstorbene Verhaltensforscher Erik Zimen (1941–2003) wies in einem Interview mit dem Focus in seinem Todesjahr darauf hin, dass »das Blecken der Zähne (...) unter Hunden eigentlich als Drohgebärde (gilt). Doch mittlerweile haben sich Haushunde an die Menschen angepasst, bei denen das Zähnezeigen – also das Lächeln – ein Begrüßungssignal ist. Wenn ein Hund Menschen

Hunde können lachen!

die Zähne zeigt, ist das freundlich gemeint: Der Hund hat in der Gesellschaft der Menschen das Lächeln gelernt.«

Und auch die populäre Ethologin Dr. Dorit Feddersen-Petersen stellt fest: »Das Lächeln des Hundes wird zurzeit untersucht, denn sie können das wirklich. Von dem, was ich jetzt sage, ist noch vieles hypothetisch, weil die Studie noch nicht endgültig fertig ist. Aber es gibt Angehörige auch bestimmter Rassezugehörigkeit, die bei der Begrüßung des Menschen diesen Menschen anlächeln. Das, was ich jetzt sage, kann missverständlich sein bzw. man kann sich alles Mögliche darunter vorstellen. Es ist auch nicht gemeint, dass der Hund ganz entspannt dasitzt und ihm die Kiefer ein bisschen nach unten fallen, sodass er lacht. Nein, er kommt vielmehr auf den Menschen zu und zieht dabei die Mundwinkel nach hinten, was sozusagen zu einem breiten Grinsen wird: Das sieht auch ein bisschen aus wie ein submissives, also unterwürfiges Grinsen. Und dann hebt der Hund mehrfach hintereinander die Oberlippe hoch und zeigt die Schneide- und Eckzähne. Das macht er, während er um den Menschen herumspringt und ihn begrüßt. Er ist sehr entspannt dabei, d. h. das hat überhaupt keine Ähnlichkeit mit dem Drohausdruck. Dieses Lächeln wird also überwiegend in Begrüßungssituationen gezeigt. Die meisten Menschen freuen sich darüber: `Mein Gott, der lacht ja!' Und dann fangen sie selbst auch an zu lachen, geben also ein positives Feedback, was sich dann gegenseitig verstärkt.«

Wirkung des Lächelns

Für wen?

Für jedes Mensch-Hund-Team geeignet.

Wie?

Setzen Sie sich entspannt auf einen Stuhl, auf die Wiese oder sonst wo hin, Ihr Hund ist um Sie herum, aber ohne, dass Sie sich gezielt an ihn wenden oder um ihn kümmern. Nach einer Weile schauen Sie ihn mit einem direkten Blick und offenen Lächeln an. Bitte verzichten Sie auf Geräusche. Was macht Ihr Hund?

Die meisten Hunde fühlen sich »angesprochen« und gehen zu ihrem Menschen. Etwas in der Situation unsichere Hunde, reagieren eventuell etwas verhaltener, z.B. mit einem kurzen Wedeln, einem Anheben der Ohren, einem Zurücklächeln. Aber eine Reaktion zeigt eigentlich jeder Hund. Probieren Sie es aus!

Bemerkenswert

Eine Forschergruppe der Universität Lincoln, UK, und deren Kollegen aus Sao Paulo, BRA, veröffentlichten im Januar 2016 eine Studie, in welcher sie belegten, dass Hunde in der Lage sind, menschliche Emotionen zu entschlüsseln. Die Ergebnisse zeigen, dass Haushunde sowohl aus akustischen als auch aus visuellen Merkmalen emotionale Informationen gewinnen und in eine stimmige Wahrnehmung von Emotionen integrieren können. Daher ist es wahrscheinlich, dass Hunde zumindest die mentalen Voraussetzungen zur emotionalen Unterscheidung von positiven und negativen Gestimmtheiten besitzen, den emotionalen Inhalt mimischer und akustischer Ausdrücke erkennen können. Dass Hunde zu dieser Unterscheidung ohne spezielles Training fähig sind, belegt die immense Bedeutung derartiger Signale und deren Entschlüsselung. Das korrekte Deuten bietet wichtige adaptive Vorteile für ein in Gruppen lebendes Individuum - und das im Fall Hund > Mensch artübergreifend!

Durch diverse Tests und Versuchsaufbauten in wissenschaftlichen Forschungsgruppen (z.B. Miklosi in Ungarn oder auch Breuer und Kaminski in Deutschland) wurde festgestellt, dass Hunde ihre Menschen stets gut im Blick haben und deren Gestik und Mimik mit Aufmerksamkeit und darauf reagierend verfolgen. Selbst die aktive Aufnahme von direktem Blickkontakt ist bei Hunden – im Unterschied zu von Hand aufgezogenen Wölfen – bekannt. Das Team um Juliane Kaminski wies nach, dass der »typische Hundeblick«, der gewinnende Augenaufschlag mit hochgezogenen Augenbrauen, den die Forscher als AU 101 bezeichneten, vom Hund in der Gegenwart von Menschen eingesetzt wird und ein kommunikatives Mittel ist. Um hier Interpretationen keinen Spielraum zu

Blickkontakt ist Sozialkontakt! Das darf weder vergessen, noch unterschätzt werden.

lassen, wurde speziell ein Bewertungsschema entwickelt, nach dem die Muskelanspannungen der jeweiligen Gesichtsausdrücke kategorisiert wurden. Allerdings betonte die Wissenschaftlerin in diesem Zusammenhang auch, dass ihre Forschungsergebnisse nicht belegen würden, dass Hunde den Blick gezielt einsetzen, um den Menschen zu manipulieren. Aber wer weiß, was weitere Forschungsergebnisse dazu noch ergeben? Einem Hundehalter jedenfalls erscheint ein solcher Zusammenhang nicht unwahrscheinlich ...

All dies bedeutet im Umkehrschluss auch, dass der menschliche Blick zum und auf den Hund ebenfalls vielerlei Bedeutungen und Auswirkungen hat. Aber was besagt das und wie kann man diese Wirkungen verdeutlichen? Machen wir selber ein paar Tests und lassen die Ergebnisse für sich selbst sprechen.

Einiges rund um den Blickkontakt

Futterschüssel »Nein«

Für wen?

Für Hunde, die bereits das Kommando »Nein« oder »Meins« oder Vergleichbares kennen und – in der Regel! – auch befolgen.

Wie?

Wir nehmen eine Futterschüssel, einen Stuhl und den Hund. Der Hund wird ins »Sitz« gebracht (alternativ kann er auch stehen oder liegen), der Mensch setzt sich auf den Stuhl, dem Hund gegenüber. Die Futterschüssel wird mit »Nein«, »Meins« oder einem anderen Tabuwort mittig zwischen Mensch und Hund (oder näher zu den menschlichen Füßen) abgestellt. Der Mensch darf nun den Hund und/oder das Futter anschauen bis fixieren. Nach ca. einer Minute, wenn der Hund sich beherrscht hat, wird die Futterschüssel hochgenommen und kommentarlos weggestellt. Belohnung, wenn gegeben werden möchte, bitte separat aus der Hand oder aus dem Leckerlibeutel füttern. Diesen ersten Durchgang halten viele Hunde aus, wenn auch oft mit sichtbar schwerem Herzen und deutlich tropfenden Lefzen.

Im zweiten Durchgang erfolgt ein ähnlicher Aufbau, doch mit dem Unterschied, dass der Mensch sich nun mit dem Rücken zum Hund

Gut zu erkennen, der fast bittende Blick des Hundes, der auf Freigabe der Schüssel durch das kleinste Signal hofft. Man erkennt aber auch gut die eher etwas angespannte Körperhaltung des Menschen, der um die hohe Futtermotivation des Hundes weiß und seinem Vierbeiner in der Situation nicht wirklich vertraut.

Langsam pirscht der Hund sich an sein Ziel: Die zugewiesene Position wird verändert, sich dabei der Schüssel angenähert, dann gefressen. Frauchen sieht es ja nicht.

und der - beim Abstellen wieder mit einem Tabuwort belegten! - Futterschüssel hinsetzt! Selbst bei gut erzogenen Hunden kommt es nun durchaus vor, dass sie sich – mehr oder weniger schnell - der Futterschüssel nähern und diese leeren. Sicherlich spielt der Begriff der Besitzstandswahrung hier mit eine Rolle, denn nach Ansicht der Hunde hat der Mensch seinen Anspruch auf das Futter aufgehoben, indem er den vermeintlichen Besitz aus den Augen ließ. Dazu ist aber eben auch noch zu bedenken, dass der Hund sich 1. eventuell nicht mehr angesprochen fühlt, weil der Mensch ihm den Rücken zukehrt, und 2. der Hund sich auch »mutiger« verhält, weil »Korrektur und Tadel« nicht im direkten Blickfeld liegen!

Was zu bemerken ist

Je älter der Hund und je gefestigter der Erziehungsstand, desto eher wird das Tabu auch bei abgewandtem Blickkontakt Bestand haben! Das verdeutlicht somit gut, wie Alter, Anleitung/Erziehung und gewachsene Beziehung zueinander im Alltag wirken.
Ist die Beziehung aber eher etwas instabil und/oder die Anleitung des Hundes eher inkonsequent, so wird sich auch das hierbei sehr deutlich zeigen - oft bereits schon im ersten Durchgang! So kann man mit etwas geschulterem Blick durch einen kleinen, einfachen Aufbau bereits viele Fakten zum Hund, zum Menschen, zum Mensch-Hund-Miteinander im Alltag entlarven. Reagiert der Hund auf seinen Menschen, und wenn ja, wie? Übermittelt der Mensch seine Absicht präzise und authentisch? Strahlt er Zuversicht oder Skepsis aus? Agieren beide Beteiligten miteinander oder womöglich gegeneinander?

Kommando aus dem Off

Für wen?

Für Hunde, die bereits sicher das Kommando »Sitz« oder »Platz« kennen und befolgen.

Wie?

1. Durchgang
Hund und Mensch stehen sich gegenüber. Der Mensch gibt mittels Hörzeichen eine Anweisung (Sitz oder Platz). Der Hund befolgt die Anweisung und setzt oder legt sich.

2. Durchgang
Der Mensch steht mit dem Rücken zum Hund. Wieder gibt er mittels Hörzeichen eine Anweisung (Sitz oder Platz). Der Hund befolgt nun die Anweisung womöglich gar nicht oder sehr verzögert, viele Hunde zeigen auch körpersprachliche Signale von Verunsicherung. Ihnen fehlt der Blickkontakt, das Wissen, dass sie gemeint sind!

Mit einem anderen Hund können die Durchgänge 1. und 2. wiederholt werden, doch diesmal wird die Anweisung mit Hör- und Sichtzeichen gegeben. In den meisten Fällen

Gegebene Anweisungen aus dem »Off« werden von vielen Hunden gar nicht oder nur deutlich verzögert angenommen. Sie fühlen sich nicht angesprochen, nicht gemeint. Manche sind verunsichert und suchen aktiv wieder den direkten Kontakt zum Menschen.

wird der Durchgang 2. besser funktionieren, da die Hunde nun eine visuelle Hilfe zur Verfügung haben.

Was zu beachten ist

Eventuell ist eine Person hilfreich, die den Hund an der Leine hält. Alternativ kann man den Hund auch anbinden und sich mit dem Rücken zu ihm stellen. Dies kann notwendig sein, da viele Hunde im Freilauf beim Vernehmen der Stimme des Halters zu diesem laufen und eben selbständig versuchen, Blickkontakt aufzunehmen!

Blickkontakt und Distanz

Für wen?

Für alle Hunde, die mindestens zwei bestimmte Positionskommandos (Sitz, Platz, Steh) bereits kennen und auch befolgen.

Wie?

Dem Hund wird ein Kommando gegeben und der Mensch entfernt sich einige Meter (anfangs erst nähere Distanz, im Verlauf langsam steigern). Aus der Entfernung wird

Positionswechsel aus der Distanz fällt vielen Hunden schwer. Hier klappt es gut!

dann das Einnehmen einer anderen Position angewiesen, z.B. von Sitz in Platz oder von Steh ins Sitz o.Ä.

Was zu beachten ist

Viele Hundebesitzer wundern sich, dass das, was im nahen Miteinander gut klappt, mit einer gewissen Distanz nicht mehr so funktioniert. Distanztraining ist etwas, das viel mit Körpersprache, Gestik und Mimik zu tun hat (man denke an das zur Zeit so beliebte Longieren, da geht es genau darum!). Und das müssen alle Beteiligten, Mensch wie Hund, gleichermaßen lernen! Deshalb die Distanz langsam steigern und immer versuchen, mit guten Erfolgen die Übungen abzuschließen und zu beenden, statt übermütig zu schnell zu viel zu erwarten und zu verlangen und hinterher nur Frust bei allen Beteiligten zu erzielen.

Blickkontakt und Ranruf

Für wen?

Für jedes Mensch-Hund-Team

Wie?

Auch und gerade beim Ranruf sind Blickrichtung und -intensität, Mimik und Körpersprache des Menschen wichtige Kriterien, was sich gut demonstrieren lässt, indem der Hund in einem kleinen Abstand sitzt oder steht und herangerufen wird.

1. Durchgang

Im 1. Durchgang ruft der Mensch barsch, mit vorgebeugter Körperhaltung, zusammengekniffenen Augen und starrem Blick auf den Hund. Die Arme können in die Hüften gestemmt oder mit Zeigegeste in Richtung Boden, vor dem Körper gehalten werden.

Deutlich ist das Unwohlsein des Hundes in dieser Situation zu erkennen. Freudiges Herankommen sieht definitiv anders aus und wird mit dieser Körperhaltung vom Menschen nicht gefördert (wenn auch vielleicht gefordert), sondern eher verhindert und gehemmt.

»You are welcome!« – Lachendes Gesicht, offene Körperhaltung, freundliche Stimme: So zieht es den Hund magisch zum Menschen. Und es funktioniert nicht nur beim eigenen Hund.

2. Durchgang
Bei einem anderen Durchgang mit anderem oder auch gleichem Hund (wenn gleicher Hund, dann aber mit zeitlicher Spanne zwischen den Durchgängen), wird der Hund von einem freundlich lächelnden Menschen mit sanfter, eher hoher Stimme herangerufen. Hierbei kann der Mensch in die Hocke gehen (verstärkt die Motivation des Hundes zum Herbeieilen in vielen Fällen). Ansonsten bleibt der Mensch zumindest mit geradem Rücken oder eher leicht zurückgebeugt stehen, die Arme können vom Körper nach »Wer-kommt-in-meine-Arme«-Manier abgespreizt werden. Die gesamte Körperhaltung signalisiert dem Fellkumpel »You are welcome« und lädt ihn zum Näherkommen ein.

Die meisten Hunde reagieren – mehr oder weniger deutlich ausgeprägt - auf die körpersprachlichen Signale des Menschen. Bei diesen zwei kurzen, einfachen Durchgängen lassen sich dem Zuschauer gut theoretische Hintergründe zu körpersprachlichen Auswirkungen aufzeigen, durch das Fotografieren oder Videografieren kann es noch deutlicher gemacht werden.
Während beim 1. Durchgang viele Hunde beim Herankommen in den Gelenken einknicken, den Kopf absenken, sich insgesamt klein machen und zusehends verlangsamen, je näher sie an den Menschen herankommen, läuft der Hund im zweiten Durchgang mit erhobenem Kopf, offenem Blick, lockeren Lefzen und durchgestreckten Läufen mit deutlich mehr Begeisterung und glänzenden Augen auf den Menschen zu.

Was zu beachten ist

Vor längerer Zeit kontaktierte mich eine Hundebesitzerin, die mit ihrem Rüden für eine Prüfung übte. Der Hund hatte einen

sehr guten Grundgehorsam, beide waren ein entspanntes, einander zugewandtes Team. Alles klappte gut - bis auf die Bleib-Übung mit anschließendem Ranruf. Der Rüde blieb zuverlässig sitzen, die Besitzerin konnte problemlos weggehen. Doch sobald sie sich umdrehte, stürmte der Hund los. Bald war der Auslöser gefunden: »Frauchen« spreizte bereits beim Umdrehen die Arme zur Seite, um den Hund mit ausgebreiteten Armen rufen zu können. Das Abspreizen der Arme war für den Hund zum Startsignal geworden. Selbst mit dem Rücken zum Hund stehend und ohne verbale Anweisung, spurtete der Rüde los, wenn Frauchen die Arme abspreizte.
Da hier aber genau das Gegenteil erreicht werden sollte, war die Lösung auch nicht schwer: Zukünftig verschränkte die Besitzerin die Arme vor der Brust bereits beim Weggehen und genauso drehte sie sich auch um. So einfach und doch so effektiv - der Rüde blieb problemlos sitzen!

Blickkontakt und Korrektur

Für wen?

Für jedes Mensch-Hund-Team

Wie?

Hier kann ein gezielter Aufbau, bei welchem genau **das** einmal gemacht wird, was eben so **nicht** gemacht werden sollte, helfen, um Zusammenhänge zu verdeutlichen: Der Hund ist in einer wartenden »Bleib«-Position (»Sitz«, »Platz« oder »Steh«), der Mensch steht einige Meter entfernt dem Hund gegenüber. Häufig versuchen die Hunde selber aktiv Blickkontakt zum Menschen herzustellen oder aufzufangen, um dann, sobald ihnen das gelungen ist, aktiv zu werden. Und das Aktivwerden kann von Anspannung bis Unruhe oder eigenmächtigem Aufheben der Anweisung alles bedeuten.
Lächelt der Mensch den Hund nun an, ist die Bereitschaft, etwas anderes zu machen, als gesagt wurde, umso größer. Probieren Sie es aus! Beachten Sie hierzu auch »Wirkung des Lächelns« auf Seite 12.

Das Alter des Hundes und der Erziehungsstand spielen hierbei eine große Rolle. Jüngere und erzieherisch noch nicht so gefestigte Hunde fühlen sich erfahrungsgemäß durch eine freundliche Mimik eher aufgefordert, eine Anweisung als aufgehoben zu empfinden und Alternativen auszuprobieren. Das heißt aber im Umkehrschluss nun nicht, dass nur grimmige Gesichter im Umgang mit dem Hund sinnvoll wären! Ganz im Gegenteil: So wie freundliche Mimik auffordert, weist grimmige Mimik eher ab und schafft Distanz oder verursacht sogar Auseinandersetzung! Beim Rück-/Ranruf z.B. völlig kontraproduktiv.

Zur Aufrechterhaltung einer Anweisung sollte der eigene Gesichtsausdruck eher neutral und der Blick eben nicht direkt auf den Hund gerichtet sein. Ein Mensch sieht auch ohne zu Starren mit eher beiläufigem Blick, ob die Anweisung ausgeführt wird oder ob Korrektur nötig ist.
Zum Lob und zur Bestätigung und zur Aufhebung der Anweisung ist die freundlich auf den Hund gerichtete Mimik samt direktem Blick nützlich und wird vom Hund gern angenommen.

Blickkontakt ist ein wichtiges Werkzeug zur Kommunikation. Deshalb können sich blickdichte Sonnenbrillen und tief ins Gesicht gezogene Caps als äußerst hinderlich erweisen. Bei gezielten Übungen sollte der Mensch deshalb besser darauf verzichten, vor allem bei jungen Hunden. Auch Hunde haben nicht selten Probleme, wenn ihre Augen durch zu viel Fell be-/verdeckt sind.

Zur Korrektur aber bietet sich eher die klare Körpersprache mit deutlicher Präsenz, klarer Statur, neutraler Mimik und fester (das bedeutet nicht mit lauter, aber mit klarer, bestimmter) Stimme an. Hier ist Authentizität wichtig und gefordert!

Was zu beachten ist

Manche Hunde sind echte Schlaumeier und spielen ein für sie lukratives Spiel, wenn Leckerchen beim Korrigieren mit im Spiel sind. Schnell wissen sie, wie sie mehr bekommen, nämlich durch Aufheben einer Anweisung und warten auf die Korrektur. Deshalb sollte es bei nötigen Korrekturen besser keine Futterbestätigungen geben.

Die Sache mit Vorsitz und Grundpositions-Sitz

Nicht selten erlebt man es, dass der vierbeinige Hundeschüler zwar perfekt auf Sicht- und/oder Hörzeichen Sitz macht, sich aber immer wieder um den Körper des Menschen herumrobbt und in die Vorsitzposition geht, statt brav parallel neben dem Menschen an dessen Seite zu bleiben. Auch hier wirkt wieder eine Lernerfahrung aus dem visuellen Bereich, die der Hund im Welpendasein (oder in der Anfangszeit des Sitz-Trainings) häufig gemacht hat: Er sucht das »Mondgesicht«! Was das heißt? Nun, spielen Sie selber einmal Hund und probieren Sie es aus.

Für wen?

Besitzer von Welpen oder Hunden, die das »Sitz« ganz neu erlernen sollen (z.B. Tierschutz-/Secondhand-Hunde).

Wie?

Rollenspiel Mensch-Mensch: Ein Mensch spielt den Hund und geht in die Vorsitzposition des Hundes, also vis-a-vis vor dem Menschen in die Hocke (gespielte Vor-Sitz-Position). Nun schaut er »seinen« Menschen an. Was sieht er? Wie sieht er sein Gegenüber?

Dann geht der »Menschhund« an die Seite des anderen Menschen wieder in die Hocke (gespielte Grundposition-Sitz-Position) und schaut »seinen« Menschen an. Was sieht er? Wie sieht er sein Gegenüber?

Richtig! Einmal haben wir das »Mondgesicht«, also die rundliche Gesichtsform mit beiden Augen, Nase, Mund. In der anderen Position haben wir das Profil, also optisch ein anderes Bild. Wird mit einem Hund beim Erlernen einer Position nur eine einzige Position verknüpft > Sitz = Vorsitzen = Mondgesicht, dann wird beim Verändern der menschlichen Position der Hund eventuell durch für ihn plausibles Agieren versuchen, den ihm zur Position zugehörigen optischen Erfahrungswert zu erreichen > Herumrobben, bis aus dem Profil des Menschen wieder das bekannte Mondgesicht geworden ist!

Übung Mensch-Hund: Wir üben gezielt die Positionsvarianten Sitz, Platz, Steh in unterschiedlichen Winkeln und Stellungen zum Menschen. Und das auch schon beim (älteren!) Welpen. Wer einen Clicker benutzt, kann diesen hierbei passend mit einsetzen.

Der junge Doodle nähert sich in demütiger Haltung und zeigt beim Versuch des Anspringens ein »submissive grin«.

Sollte es Probleme mit einem zur Seite weggeschobenen Hunde-Popo beim Sitz geben, kann gut an einer Wand oder parallel zu einem Zaun geübt werden. Nimmt man den Hund zwischen sich und das Hindernis, kann der Po nicht seitlich rausgeschoben werden > die parallele Sitzposition klappt besser!

Überbeugen

Für wen?

Dieser Test darf **nur** mit dem eigenen (und **NUR** mit dem eigenen!) Hund gemacht werden. Der Hund sollte aber nicht ängstlich oder verstärkt unsicher sein!

Wie?

Der Mensch steht direkt vor seinem sitzenden Hund und schaut ihn neutral an. Langsam (!) beugt er sich über den Kopf und Körper des Hundes, den Blick weiter auf diesen gerichtet, bis Rücken und Beine des Menschen einen rechten Winkel zueinander bilden, und bleibt max. 60 Sekunden in dieser Position. Die meisten Hunde haben bis dahin bereits eine Reaktion gezeigt. Deshalb richtet der Mensch sich spätestens jetzt einfach wieder auf und entspannt die Situation. Mögliche Reaktionen des Hundes, die zu sehen sind:

- Sehr aktive Hunde lösen die Anspannung, die hierbei entsteht, durch Aufstehen, dem Versuch des Weggehens und/oder dem Anspringen des Menschen, evtl. mit dem Versuch des »Futterbettelns«, des Berührens im Gesicht des Menschen als konfliktvermeidendes Signal, auf.
- Eher »dickfellige« Hunde legen sich oft einfach hin und schaffen dadurch aktiv eine größere Distanz zum Menschen.

Dem HSH-Mix ist deutlich anzumerken, dass ihm die Situation nicht behagt. Er entzieht sich durch Ablegen.

Deutliches Naselecken bei der Briardhündin, danach Abwenden und seitlich »dringend beschäftigt sein«.

- Viele Hunde zeigen, dass sie beeindruckt sind, durch Maulwinkel- und Nasenlecken (echte Beschwichtigungssignale) und durch entsprechendes Spiel und Rückziehen der Ohren.
- Viele Hunde vermeiden Blickkontakt bzw. schauen aktiv in eine komplett andere Richtung.

Was zu beachten ist

Wie bereits geschrieben, ist dies kein Aufbau, den man mit jedem Hund, geschweige denn mit »Sensibelchen« machen darf! Der Durchgang kann sehr massiv beeindrucken und sich dann in der Folge durchaus belastend auf die Mensch-Hund-Beziehung auswirken. Je nach Selbstbewusstsein des Hundes und Status der Mensch-Hund-Beziehung, kann der Vierbeiner auch aversiv bis aggressiv reagieren! Deshalb vorsichtig und gut überlegen, ob man diesen Aufbau ausprobieren möchte oder nicht. Dringend muss davor gewarnt werden, dieses mit einem fremden Hund auszuprobieren!

Doch zeigt sich bei diesem Ablauf auch deutlich, wie sich ein Überbeugen zum Streicheln, zum Anleinen, zum Sozialkontaktaufnehmen usw. auswirken kann (nicht muss!). Häufig sehr beeindruckend und einprägsam. Was wir als Zuwendung und Bekundung unserer Zuneigung ausdrücken wollen, versteht der Hund oft ganz anders, quasi genau gegenteilig.

Was für Menschen ein »liebevolles Näherrücken« ist (in den Arm nehmen, Kopf gegen Hundekörper schmiegen, gegen Hundekörper drücken oder womöglich sich darauflegen usw.), kommt beim Hund eventuell als »respektlose Distanz-

unterschreitung« an, auf welche er entsprechend reagiert. Ein wichtiger Aspekt im Kind-Hund-Miteinander und Quelle häufiger Un- und Vorfälle! Die meisten Unfälle passieren in der eigenen Familie und kommunikative Missverständnisse sind häufiger der Grund. Was Menschen als »liebevolles Tätscheln« und »zugewandtes Kraulen« in Form von Kopfkrabbeleien definieren, empfindet der Hund gegebenenfalls als Bedrängung, vielleicht sogar als Bedrohung, vor allem dann, wenn der Oberkörper des Menschen auch noch über ihn hinwegklappt (siehe Seite 26 »Überbeugen«).

Gerade bei (noch) instabilen Mensch-Hund-Beziehungen, bei sehr sensiblen, unsicheren oder ängstlichen Hunden, sollten solche Zusammenhänge bedacht werden.

Diese Testaufbauten belegen die Wertigkeit von Blickkontakt und Körperhaltung in der Interaktion mit dem Hund. Aus meiner Erfahrung heraus kann ich sagen, dass Kunden, die diese Unterschiede **gesehen** haben, die Zusammenhänge besser **verstehen**, nachvollziehen und in ihren Alltagsumgang mit dem Vierbeiner integrieren können.

2.
Für jedes Alter etwas

Folge mir!

Ganz zu Beginn einer Beziehung muss es sich für den Vierbeiner erst einmal beweisen, dass es sich lohnt, diesem einen Menschen überhaupt zu folgen. Fragt man den Hundehalter, warum sein Hund ihm folgt bzw. folgen soll(te), kommen unterschiedliche Aussagen und Vorstellungen zutage, z.B.:

- Weil man (Mensch) ihn so lieb hat und weil er den Menschen so lieb hat.
- Weil er so erzogen wurde.
- Weil er gerade nichts anderes (besseres) vorhat. (Zumindest ehrlich!)
- Weil er nicht anders kann, da er angeleint ist. (Sonst wäre er weg!)
- Weil man (Mensch-Hund) so eine tolle Bindung zueinander hat. (Nachgefragt, was Bindung bedeutet, kommt manchmal nicht sehr viel an Definition, gelegentlich sogar eher etwas abstruse Ansichten zur Thematik.)

Formuliert man die Frage etwas um und fragt, warum ein Welpe seiner Mutter folgt, kommen langsam, aber sicher Antworten, welche wunderbar aufgegriffen werden können, um zu erklären, was Bindung bedeutet, worauf sie basiert. Dies eignet sich hervorragend zu einem Theorieblock in Bezug auf

- Was ist Bindung überhaupt?
- Wie wird aus einer Beziehung eine Bindung?
- Was erwarten Bindungspartner voneinander und was müssen/sollten sie leisten (können)?
- Störfaktoren

Welpen fühlen sich bei ihrer Mutter sicher und geborgen, sie werden umsorgt, geschützt und mit Nahrung versorgt. Das Muttertier stellt für die Welpen einen berechenbaren, zuverlässigen

Sozialpartner dar, elementare Grundbedürfnisse der Kleinen werden fürsorglich und authentisch gestillt. Und das ist unsere Aufgabe als »Hundeeltern« ebenso!

Beachte

Aus voran geschilderter Kausalität ergibt sich auch leicht die nachvollziehbare Erklärung, warum früher postulierte Erziehungsmaßnahmen gemäß: »Nimm die Futterschüssel immer wieder weg, damit dein Hund die Überlegenheit des Menschen lernt!« nicht zeitgemäß und abzulehnen sind. Hierbei würden nur Argwohn und Stress erzeugt, leicht auch Futterverteidigungsverhalten und zwanghaftes Futterschlingen.
Ziehen Sie Ihren Kindern ständig das Frühstücksbrettchen oder den Essensteller vor der Nase weg, um ihn dann wieder hinzustellen, und deklarieren das Ganze als Demonstration Ihrer Erziehungsberechtigung? Sicherlich nicht! Vielmehr sorgen Sie auch beim menschlichen Nachwuchs dafür, dass dieser in Ruhe und ungestört seine Mahlzeiten zu sich nehmen kann.

Basis Folgebereitschaft

Für wen?

Übungen zur Folgebereitschaft gehören für mich in jede Welpengruppe, aber auch in die Anleitung von noch »frischen« Mensch-Hund-Beziehungen. Außerdem finden in der Junghundegruppe Varianten immer wieder einmal ihren Einsatz.

Wie?

Folgebereitschaft Variante 1

Der Mensch befindet sich neben seinem Hund, mental verbunden durch Stimme und freundliche Mimik. Der Mensch geht einen Schritt vor, bleibt stimmlich und mimisch mit dem Hund verbunden. Folgt dieser, so erhält er einen Futterbrocken (alternativ soziale Aktion oder ein kurzes Objektspiel). Dann geht es in gerader Richtung in dieser Art weiter, allerdings werden die Schritte und die Bestätigungen langsam (!) variiert (mehr Schritte, bis Bestätigung kommt).

Wichtig ist es, dass Bestätigungen (Futter, Sozialkontakt oder Spiel) mit der Hand auf der Seite gegeben/ausgeführt werden, wo der Hund sich befindet. Im Optimalfall ist das die Körperseite, an welcher der Hund künftig mit lockerer Leine den Menschen begleiten oder »Fuß« gehen soll. Also beim linksgeführten Hund die linke Hand, beim rechtsgeführten Hund die rechte.

Hier ist gut zu erkennen, dass bei einer Futtergabe mit dem dem Hund abgewandten Arm (siehe Kuvasz) der menschliche Körper den Hund nicht blockt. Wenn die Futtergabe mit dem anderen Arm erfolgt (siehe Cocker) aber schon.

Vorsicht

Schiebt man dem Hund die abgewandte Hand entgegen, so wird diese unweigerlich vor dem Körper herumgeführt, wobei sich die Schulter mit gegen den Hund dreht. Hunde, die sehr auf körpersprachliche Signale achten und/oder sehr sensibel sind, fühlen sich dadurch weggeschoben und geblockt. Sie verstehen diese gegen sie gerichtete Drehung des Menschenkörpers als Distanzforderung und Begrenzung – und bleiben zurück.

Gleiches passiert unter Umständen auch, wenn man sich zum Hund zurück schauend ständig umblickt! Und genau das wollen wir hierbei und in vielen vergleichbaren Situationen eigentlich gar nicht haben. Diese Auswirkung des Körper-gen-Hund-Drehens sehen wir z.B. deutlich beim Longieren, wo der Hund sofort stehenbleibt oder sich setzt, wenn der Mensch sich ihm entgegendreht.

Nützlich ist die Wirkung aber, wenn der angeleinte Hund gerne nach vorne drängt und den Menschen überholen möchte. Dann kann das Entgegendrehen und dadurch erfolgende Begrenzen bewusst eingesetzt werden, um das Leinentraining zu unterstützen.

Varianten und weitere Aufbauübungen

Die gemeinsam abzuschreitende Strecke ist nicht mehr geradlinig, sondern verläuft in größeren Slalombögen oder auch mit Winkeln. Die Strecke führt hier und da über ein »Hinder-

nis« (niedriges Cavaletti, Baumstamm oder über am Boden liegende Besenstiele, Planen, Gitter). Akustische und optische Ablenkungen befinden sich am Streckenverlauf.

Wurde dieser Aufbau bislang mit einem freilaufenden Hund geübt, so kann man gut auch eine leichte (!) dünne Schleppleine an ein Brustgeschirr des Hundes einhängen, um ihn an das Gewicht einer Leine zu gewöhnen (z.B. bei Welpen oder Tierschutzhunden).

Zum Leinentraining wird der Hund bei diesem Übungsaufbau an nicht zu langer, leichter Leine geführt. Der Hund soll selbständig und freudig folgen, nicht gezogen werden.

Die Leine ist in der dem Hund abgewandten Hand, Streicheleinheit, Futter oder Spielzeug wird von der dem Hund zugewandten Seite aus gegeben (siehe vorangegangene rote Tatze, S. 33!).

Aufbauübung Folge > Fuß

Für wen?

In der Welpengruppe die **Aufbauübung** der Basis-Folgebereitschaft. Aber auch für alle sonstigen Mensch-Hund-Teams, die am Anfang des Fuß-Trainings stehen.

Auch zwischendurch immer wieder eine nette Wiederholungsübung für jedes Mensch-Hund-Team und zur Einleitung verschiedenster Gemeinschaftsaktionen, da ein positives Miteinander initiiert wird.

Wie?

Mensch und Hund stehen sich gegenüber, Blickrichtung zueinander. Der Mensch geht nun langsam rückwärts vom Hund weg und motiviert diesen, ihm zu folgen. Dabei versucht er, den Hund mittig zum menschlichen Körper zu führen und den Kontakt aufrechtzuerhalten (Futter oder Spielzeug können eingesetzt werden, besser ist aber, Sozialkontakt zu nutzen über Stimme, Mimik).

Zuerst sollte der Hund komplett auf seinen Menschen zukommen können, bevor – wie hier eben nicht korrekt abgewartet – der Körper des Menschen zur Drehung ansetzt.

Nach 5–10 Schritten (Mensch rückwärts, Hund ihm vorwärts folgend), dreht der Mensch sich um 180 Grad, so dass der Hund auf der ihm zugedachten »Fuß«-Seite neben dem Menschen hergeht. Das heißt, beim linksgeführten Hund dreht der Mensch mit dem Uhrzeiger, beim rechtsgeführten Hund gegen den Uhrzeiger. Der nah und locker neben dem Menschen hergehende Hund wird bestätigt, bei Hunden, die noch im Fuß-Training sind, kann der Begriff »Fuß« eingesetzt werden. Auch die Nutzung eines Clickers ist hierbei gut möglich.

Dieser Aufbau lässt sich den Anspruch steigernd variieren, indem zuerst ein weiteres - später auch noch mehr – Mensch-Hund-Team/s jeweils in Gegenrichtung arbeiten, sodass Ablenkungsreize dazukommen.

Vorsicht

Bevor die 180°-Grad-Wende erfolgt, sollten mindestens 5 gemeinsame Schritte (Mensch rückwärtsgehend, Hund mittig zum Körper folgend) gegangen werden, da sonst die Drehung den herankommenden Hund trifft und ihm wortwörtlich »die kalte Schulter« gezeigt wird. Für den Hund kein Zeichen des Willkommenseins, sondern eher ein Blocken und Abweisen.

»Vierundneunzig!«

Alternativ auch gern »Siebenundachtzig«, »Dreiundsechzig« oder »Spinatkartoffel«
Immer wieder und fast immer gleich verlaufend in jeder »frischen«, erst kurze Zeit währenden Mensch-Hund-Beziehung zu sehen: Der Mensch gibt dem Hund eine Anweisung, die dieser noch gar nicht kennt oder noch nicht zuverlässig ausführt. Das kann das »Sitz« oder »Platz« beim gerade übernommenen Welpen oder Tierschutzhund sein oder auch das »Fuß« bei ungestümen, noch gar nicht leinenführigen Hunden. Offenbar sind doch manche Hundehalter der Meinung, die Hunde würden mit dem Wissen um diese Verhaltensweisen geboren. Macht der nichts verstehende Hund dann – logischerweise – nicht das, was er machen soll, werden

- das Hinterteil heruntergedrückt, um den Hund ins »Sitz« zu bringen > **NO-GO**
- die Vorderläufe unterm Körper weggezogen, um den Hund ins »Platz« zu bringen > **NO-GO**
- an der Leine geruckt und gezerrt, um den Hund in die gewünschte Position ans Bein zu bringen > **NO-GO**

Manchmal weckt ein einfacher Perspektivwechsel in Form eines Rollentauschs/-spiels mehr Verständnis für den irritierten bis verunsicherten, unverstandenen Hund, als es viele Worte der Erklärung leisten können.

Aber bitte Vorsicht: Nicht jeder Mensch ist hierfür geeignet und lässt sich gern auf solche »Spielchen« ein! Manche fühlen sich auch vorgeführt und bloßgestellt, deshalb besonderes Fingerspitzengefühl bei der Auswahl des »Sparringpartners« walten lassen.

Rollenspiel

Warum und für wen?

Zur Verdeutlichung von Gefühlen, wenn nicht verstanden wird bzw. verstanden werden kann, was das Gegenüber von einem will/erwartet, ist dieses Rollenspiel geeignet. Zusammenhänge werden nachvollziehbarer, da es dem Menschen leichter fällt, menschliche Gestik und Mimik »zu lesen«. So sind das Anschauen des Rollenspiels wie auch das aktive Mitspielen gleichermaßen geeignet, bislang vielleicht eher abstrakte Begriffe wie Lerntechnik, aber auch Meideverhalten zu thematisieren. Eine passende Vorübung in Hundeschulen oder -vereinen, auch zur Einleitung von Theorieeinheiten.

Wie?

Der das Rollenspiel führende Mensch sucht sich einen (freiwilligen!) menschlichen Mitspieler, der den Part des zweibeinigen Hundes übernimmt. Es sollte kurz darauf hingewiesen werden, dass der Mitspieler nichts persönlich nehmen und auch nicht zu zart besaitet sein darf. Ein wenig rau kann es schon zugehen!

1. Durchgang
Auf das »Spielfeld«, das ist die Hundeschulwiese oder der Hundeplatz oder ein sonstiges Areal, wo das Spielen und Zuschauen geeignet erscheint, wird ein Stuhl gestellt. Mensch und Hund befinden sich in relativer Nähe zueinander. Nun sagt der sich frontal und zügig nähernde Mensch zum »Hund«: »Vierundneunzig«! Der »Hund« wird sich vielleicht gar nicht angesprochen fühlen oder mindestens deutlich irritiert schauen. Es wird wiederholt »Vierundneunzig« gesagt, dabei wird die Stimme langsam lauter

Selbst dem Menschenhund sind die Verunsicherung, das Nichtverstehen, Verkrampfung und Unwohlsein in der Situation anzusehen. So fühlt sich auch ein Hund, wenn er nicht versteht, was der Mensch von ihm will.

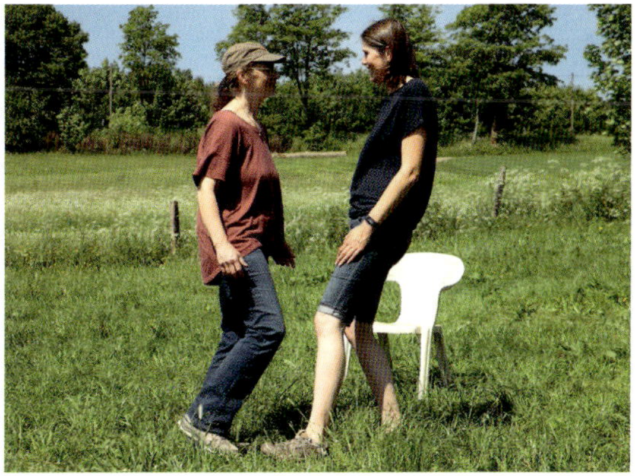

Entspannt, mit Spaß, eventuell mit einer Belohnung zusätzlich zur freundlichen Mimik und einladender Gestik, so lernt es sich gut.

und barscher, es wird stärker betont, die Mimik verändert sich zu starrerem Blick aus zusammengekniffenen Augen. Es kann auch begonnen werden, den »Hund« körpersprachlich oder auch durch Packen, Schieben, Drücken, Drängen oder sogar Schupsen gen Stuhl zu befördern. Fällt der »Hund« dann auf den Stuhl, kommt vom Mensch ein genervtes: »Geht doch! Vierundneunzig!« Mehr nicht, kein weiterer Ton, kein freundliches Gesicht (eher im Gegenteil, weil Mensch »genervt« ist von dem »doofen« Hund und erst recht kein Leckerchen oder Streicheln ...
Der Durchgang wird analog wiederholt und es wird geschaut, wie schnell der »Hund« lernt, was »Vierundneunzig« bedeutet.

2. Durchgang, eventuell mit anderem Mitspieler
Auf das »Spielfeld«, das ist die Hundeschulwiese oder der Hundeplatz oder ein sonstiges Areal, wo das Spielen und Zuschauen geeignet erscheint, wird ein Stuhl gestellt. Mensch und Hund befinden sich in relativer Nähe zueinander. Der Mensch geht freundlich lächelnd in leichtem Bogen auf den »Hund« zu und sagt mit sanfter, ruhiger Stimme: »Vierundneunzig.« Der »Hund« wird sich diesmal als Reaktion auf die freundliche Annäherung vermutlich interessiert und ansprechbar zeigen, wenn auch er aufgrund des Nichtverstehens deutlich irritiert schauen mag. Nun lockt der Mensch den »Hund« mit Leckerchen (z.B. Weingummibären) zum Stuhl und in die dort sitzende Position. Sobald der Po des »Hundes« auf die Sitzfläche fällt, jubelt der Mensch begeistert und gibt eine Gabe Gummibären oder einen liebevollen Streichler.
Der Durchgang wird analog wiederholt und es wird geschaut, wie schnell der »Hund« lernt, was »Vierundneunzig« bedeutet.

Nach den Durchgängen 1. und 2. werden die »Menschenhunde« befragt, wie sie sich gefühlt haben, wie ihnen zumute war, wie sie den Menschen empfunden haben. In der Regel sind die Empfindungen des Menschenhundes auf unsere realen Vierbeiner übertragbar, das Verständnis für sinnvolles Übermitteln von Lerninhalten wird beim Menschen geweckt und ist für ihn deutlich geworden.

Was zu beachten ist
Wenn sich kein freiwilliger Protagonist findet, so darf auf keinen Fall jemand dazu genötigt werden, hier mitzuspielen! Es kann auch ein Rollenspiel zwischen den Mitarbeitern der Hundeschule/des Hundevereins dargeboten werden, wobei dies meist nicht so demonstrativ aussagekräftig ist, da die Spieler auf beiden Seiten wissen, was kommt und worum es geht. Dennoch ist vieles zu sehen und geeignet, um mit den Teilnehmern ins zielführende Gespräch zu kommen.

Zeigegesten

Das Einsetzen von Zeigegesten bringt viele Vorteile. Doch hiermit sind in diesem Zusammenhang nicht die gängigen Sichtzeichen für Anweisungen wie »Sitz«, »Platz«, »Steh«, »Bleib« usw. gemeint. Beim Apportieren kennt man Zeigegesten beim Einweisen. Hier wird dem Hund die Richtung oder die Reihenfolge vorgegeben, in welcher er nach dem Dummy schauen soll. Doch Zeigegesten lassen sich auch unter anderer Prämisse einführen und nutzen, nämlich um Kooperationsbereitschaft und Aufmerksamkeit des Hundes auf den Menschen zu steigern und zu fördern. Auch als kleine Konzentrationsübung sind sie durchaus

In der Dummyarbeit sind klare Zeigegesten wichtig, um dem Hund die Richtung zum Dummy zu weisen.

Es gibt mittlerweile eine breite Palette empfehlenswerter Schnüffelprodukte, z.B. von Knauders Best, die sich bestens ins Training einbauen oder zu therapeutischen Zwecken nutzen lassen.

geeignet, denn der Fellkumpel muss schon aufpassen und (be-)achten, was der Mensch so tut. Der Hund versteht sehr schnell, dass die Zeigegeste des Menschen eine Hilfestellung ist, ihm die »Arbeit« leichter machen kann, für ihn Bedeutung hat und die Beachtung zum Erfolg führt. Deshalb bietet sich das Einsetzen solch gestischer Zeichen gerade und besonders für Welpen und junge Junghunde »meinungsstabiler« (auch sturköpfig genannter), eher zur Selbständigkeit neigender, häufig etwas schwer zu motivierender Hundetypen an, denn Erfolg hat jedes Lebewesen gern.

Auch bei Tierschutzhunden und sonstigen Second-Hand-Vierbeinern kann sich der Einsatz von Zeigegesten günstig auswirken, da die Bedeutung des Menschen positiv belegt wird. Ist bei solchen Hunden die Skepsis gegenüber Menschen sehr groß, muss allerdings vorsichtig und ohne den Hund zu bedrängen angesetzt werden. Hier könnte zum Beispiel ein Schnüffelrasen gute Dienste leisten, der vorbereitet und hingelegt und vom Menschen mit Zeigegeste angezeigt wird. Dann entfernt sich aber der Mensch und lässt den Hund nach freiem Willen selber erkunden (es sei denn, der Hund nutzt das

Erfolgt die Schiebegeste mit dem »falschen« Arm (hundabgewandte Seite), kann es passieren, dass der Hund sich nicht »angesprochen« fühlt und sich eher für andere Dinge interessiert.

Schnüffelobjekt nur zum Zerren und Schütteln!). Im weiteren Verlauf kann der Mensch die Distanz langsam verringern, bis der Hund es aushalten kann, dass der Mensch aus der Nähe die Region des versteckten Futterbrockens zeigt.

Für wen?

Gut geeignet bereits für Welpen und Junghunde, besonders von eher eigenständigen Hundetypen. Hilfreich eventuell auch bei Second-Hand-Hunden in der Anfangszeit: Ausprobieren!

Wie?

Zeigegesten Aufbau

Zu Beginn wird die Übung noch so aufgebaut, dass der Hund über Sehen und Riechen sicher sein kann: Da ist etwas! Für den Hund besteht also am Anfang das WISSEN.
Je nach Individualität des Vierbeiners und seiner persönlichen Vorlieben, kann Futter oder Spielzeug eingesetzt werden. Ich erkläre im weiteren Verlauf den Aufbau mit Futter, Spielobjekte wären entsprechend zu nutzen.

1. Eine Schüssel oder ein Teller mit etwas Leckerem darauf wird in geringem Abstand zum Hund abgestellt, der Hund wird aber festgehalten und kann nicht eigenständig hinlaufen. Der Mensch kauert sich neben den Hund, hält mit der dem Hund abgewandten Hand den Vierbeiner am Halsband oder Geschirr fest (Hund steht/sitzt links neben Menschen, dann hält die rechte Hand ihn fest; Hund steht/sitzt rechts neben dem Menschen, dann hält die linke Hand ihn fest) und vollzieht mit dem dem Hund zugewandten Arm und der Hand eine langsam sich vorschiebende Zeigegeste. Dabei unbedingt eine Armbewegung a la Guillotine (ruckartige Bewegung von Arm und Hand von oben nach unten, die viele Hunde erschreckt!) vermeiden! Die Zeigegeste wird langsam (!) ruhig zwei-, dreimal wiederholt. Da die Distanz zu Beginn noch gering ist, setzt der Hund sich meist schnell in Bewegung, da er selber sein Ziel ja sieht und anstrebt.
Folgt der Hund der Zeigegeste, also dem sich vorschiebenden Arm, wird er losgelassen und darf fressen (alternativ ans Spielzeug).

Bereits im zweiten oder dritten Durchgang kann die Distanz etwas erhöht werden.

2. Die Futterschüssel ist abgedeckt, der Hund kann nun nicht mehr sehen, dass dort etwas für

ALLES
MEINS

ALLES
MEINS

Die »Guillotine« bitte vermeiden, manche Hunde reagieren schreckhaft darauf.

ihn ist. Aus seinem WISSEN wird ein GLAUBEN, und er soll nun die Erfahrung machen, dass sein Mensch mehr weiß und ihn unterstützt. Wieder kauert sich der Mensch neben den Vierbeiner. Es sollte nicht aus dem Stand gewiesen werden, da es dann unweigerlich zum Überbeugen über den Hund kommen würde (siehe Seite 26 »Überbeugen«), was viele nicht mögen und als unangenehm und bedrohlich interpretieren. Hier soll es aber für den Hund angenehm zugehen und der Mensch zum geschätzten Kooperationspartner werden!
Wenn 1. gut geklappt hat (und erst dann darf mit 2. begonnen werden!), kann die Distanz zwischen Hund und Futter /Spielzeug schon 3–5 Meter betragen. Eher mit kleinerer Distanz, aber mit Erfolg vorangehen, als übermütig zu werden und Misserfolg zu kassieren!
Ist die Futterabdeckung derart gestaltet, dass der Hund sie nicht allein wegschieben kann, so muss der Mensch ihm die Futterschüssel aufdecken, wenn er auf die Zeigegeste hin dorthin gelaufen ist. Dabei darf der Mensch weder zu schnell und hastig hinterherlaufen (kann den Hund verschrecken!), noch darf er zu langsam sein (Hund hat sich bereits wieder von der verschlossenen Schüssel abgewandt und ist frustriert!). Einfacher ist es, wenn der Hund selber aufdecken und finden kann, zum Beispiel durch Nutzung eines leichten Pappdeckels.
Bei besonders schüchternen, vorsichtigen Vertretern kann man kleine Löcher in den Pappdeckel machen, so dass der Hund, am Ziel angekommen, sieht und riecht und länger interessiert an der Schüssel verweilt. Der Mensch hat dann mehr Zeit, in Ruhe dazuzukommen. Eventuell traut sich der Vierbeiner durch die Nähe des Menschen auch selber mehr zu.

Zum Geräuschtraining bei Welpen kann man aber gerade auch etwas klappernde Abdeckungen nutzen, um Schreckhaftigkeit und Scheue zu reduzieren.

3. Im weiteren Verlauf wird die Distanz erhöht.

4. Zur weiteren Steigerung wird eine zweite, identische Schüssel eingesetzt, die im gleichen Abstand vom Mensch-Hund-Team und mit Abstand zur ersten Schüssel steht. Nun zeigt der Mensch die »richtige« Schüssel, also die mit Futter, an. Will der Hund zur »falschen« Schüssel, wird er mit »Schade!« daran gehindert (evtl. Schleppleine nutzen, um Hund stoppen zu können). Auf den Begriff »Nein« oder Ähnliches sollte bei solchem Aufbau vermieden werden, da der den Hund verunsichern könnte und er dann nicht mehr weiß, was er sich zu tun trauen kann und darf. Geht er zur »richtigen« Schüssel, darf er sich dort seine Belohnung nehmen, aber nicht danach auch noch die zweite Schüssel untersuchen! Der Mensch sollte deshalb hinterhergehen und nach dem Fressen den Hund mit zurücknehmen und hindern, zur zweiten Schüssel zu laufen. Es soll ja aufgepasst und nicht nach try & error einfach alles ausprobiert werden!

5. Ist es für den Hund klar, dass die Zeigegeste des Menschen immer (!) eine erfolgversprechende Geste ist, sind der Phantasie kaum Grenzen gesetzt, um sie einzusetzen. Die Anzahl der Schüsseln kann erhöht werden. Statt Schüsseln können andere, auch eher ungewöhnliche Objekte (z.B. Pylonen, umgedrehte Plastikbecher oder Blumentöpfe aus Kunststoff u.v.m.) eingesetzt werden.
Da mit verdeckten Bestätigungen gearbeitet wird, ist es einfach, Futter gegen Spielzeug

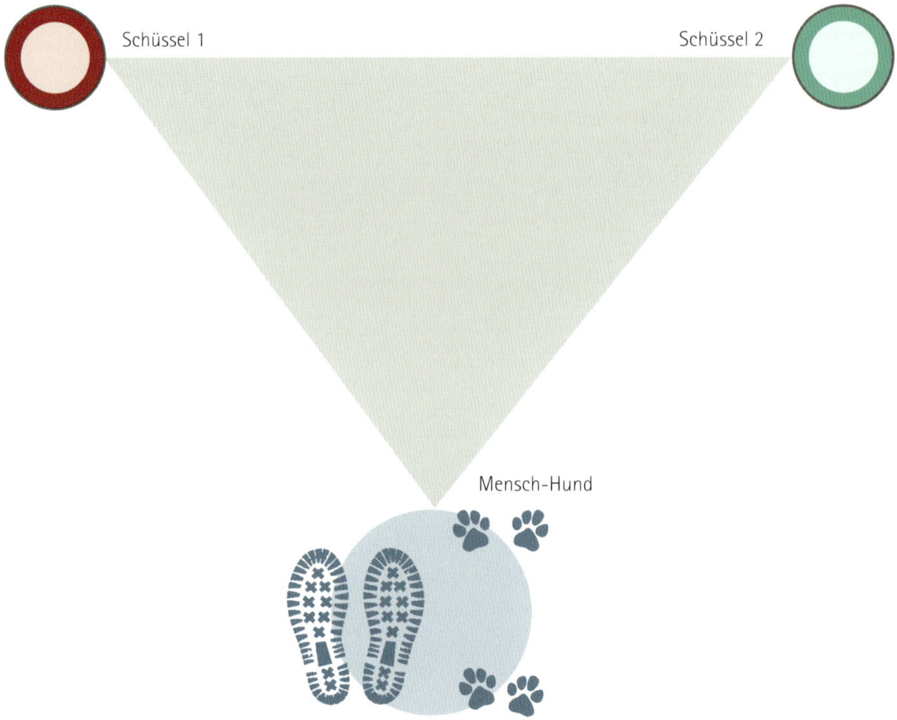

auszutauschen, wenn Mensch Futter nicht einsetzen möchte. Aus der Erfahrung ist aber zu sagen, dass das Stück Geflügelwiener dem Plüschdummy meist eindeutig vorgezogen wird!

So bitte nicht!
Bitte darauf achten, dass die Anforderungen gerade zu Beginn nicht zu hoch sind! Bei zu großen Distanzen versteht der Hund eventuell den Aufbau nicht und wendet sich frustriert ab.

Wird er zu früh losgelassen, bevor er überhaupt verstanden hat, welche Richtung ihm gewiesen wird, geht er womöglich in eine falsche und kommt nicht zum Erfolg. Dann bitte die Distanz verringern und erst nach zweiter oder dritter Zeigegeste den Hund loslassen. Evtl. kann dann auch der Arm mit der Hand ausgestreckt bleiben, so dass der Hund daran entlanglaufen und sich orientieren kann.
Wird der Hund zu lange festgehalten, obwohl er Ziel und Richtung bereits eindeutig identifiziert hat und auf die Zeigegeste hin bereits losmarschieren wollte, erlischt die Motivation und weicht Verunsicherung, die den Hund hemmen kann. Gleiches »Problem« besteht, wenn der Hund vor der Zeigegeste »unter Kommando«

(Sitz & Bleib) genommen oder wenn ein Losgehen in die nicht gewiesene Richtung mit einem, womöglich noch hektisch-scharfem »Nein« kommentiert wurde. Hierbei stünden sich Intuition und Gehorsam gegenseitig im Wege. Hat der Hund den Eindruck, dass er sich nicht in Bewegung setzen darf, fällt es eben schwer oder ist es ihm sogar unmöglich, eigenständig zu agieren. Viele Hundebesitzer wollen ein eigenmächtiges Handeln ihres Hundes ja auch auf keinen Fall und unterbinden die kleinsten Versuche. Die Gefahr besteht dann allerdings, dass der Hund das Denken einstellt und »versklavt« wird.

Hui – und weg?

Hundebesitzer wollen ihre quirligen Kumpel natürlich beschäftigen. Was passt da besser, als ausgelassen Bällchen und Stöckchen zu werfen oder akrobatisch die Frisbee durch die Luft fliegen zu lassen. Doch nicht jedem Hund tun solche »Spiele« gut, man denke an Goethes Zauberlehrling und die Geister, die man da ruft. Es gibt Hundetypen, aber auch Individualisten, denen der Hormoncocktail, der bei solch ausgelassenen Renn- und Hinterherlaufaktivitäten freigesetzt wird, gar nicht gut bekommt. Durch schnelle und immer wiederkehrende Bewegungsabläufe werden verschiedene

Selbstbelohnungssysteme im Gehirn aktiviert, die auch bei der Entstehung von Suchtproblematiken eine wesentliche Rolle spielen. Die äußerst positiven Gefühle und Empfindungen, die der Hund (bzw. das Lebewesen generell) bei der Aktivität empfindet, werden von ihm (bzw. dem Lebewesen generell) - bei entsprechender Anfälligkeit – als erstrebenswert und immer wieder haben wollend abgespeichert. Schnell entwickelt sich hier ein Teufelskreis. Außerdem kann die Kontrollierbarkeit bei Konfrontation mit Bewegungsreizen (Auto, Fahrrad, Jogger usw.) deutlich erschwert werden, vor allem bei jugendlichen, pubertierenden Hunden, die aufgrund ihres hormonellen Entwicklungsstatus' eh empfänglich(er) sind für lustbetontes und auch kämpferisches Tun. Übungen zur Impulskontrolle und zum Stoppen eigenständigen Handels gehören deshalb mit auf den Stundenplan.

Für wen?

Besonders für junge Hunde (ältere Welpen und pubertierende Junghunde), aber auch für alle anderen »Losstürmer« geeignet.

Wie?

Der Hund ist in unmittelbarer Nähe zum Menschen und gesichert durch eine Leine, auf welche sich der Mensch stellt.

Nun wird ein Ball, Spielzeug oder Futterkeks drei, vier Meter nach vorn geworfen. Der erste Impuls des Hundes wird sein, dem Flugobjekt zu folgen und hinterherzulaufen. Das geht aber nicht, da der Mensch auf der Leine steht. Ruhig und entspannt wartet man ab, was der Hund anbietet. Es wird kein Kommando gegeben, der Hund auch nicht angesprochen oder gelockt, er kann (und soll) selber entscheiden, was er tut. Der Mensch steht nur fest auf der Leine.

- Hund zieht gen Flugobjekt, bellt, jault, quietscht > keine Reaktion des Menschen
- Hund setzt oder legt sich und schaut Richtung Flugobjekt > Lob und Bestätigung durch den Menschen

- Hund geht zum Menschen und hält sich in dessen Nähe auf > Lob und Bestätigung durch den Menschen
- Hund geht zum Menschen und nimmt Blickkontakt zu diesem auf > Lob und Bestätigung durch den Menschen, Angebot einer für den Hund reizvollen Alternative, die gemeinsam und miteinander erfolgt (Spiel, Kuscheln, auch Futtergabe möglich).
- Hund setzt oder legt sich zum Menschen und nimmt Blickkontakt zu diesem auf > Lob und Bestätigung durch den Menschen, Angebot einer für den Hund reizvollen Alternative, die gemeinsam und miteinander erfolgt (Spiel, Kuscheln, auch Futtergabe möglich).

Ziel ist es, den Hund die Erfahrung machen zu lassen, dass es beim Menschen bessere Alternativen gibt und es sich für ihn lohnt, sich auch bei sehr interessanten Außenreizen seinem Zweibeiner zuzuwenden. Wichtig ist, dass der Fellkumpel nach der Entscheidung für seinen Menschen auch eine gemeinsame Aktion oder besondere Zuwendung erfährt, damit aus dem ersten Frust eine zunehmende Lust (nämlich die Lust, auf den Menschen zu achten und sich diesem anzuschließen, was auch immer die Welt Tolles anbietet!) werden kann.

In Hundeschulen/bei Hundetreffs kann man als Reiz auch einen anderen Hund nutzen, der vom

Trotz Bewegungsreiz ruhig sitzenzubleiben, das fällt nicht leicht, sollte deshalb von jungem Alter an gelernt und geübt werden. Egal, ob Spielzeug, Artgenosse, Jogger, Auto oder was auch immer sich fliegend, rennend, rollend bewegt: Ruhe bewahren und abwarten.

Winkliger und paralleler Ranruf mit Ablenkung für Läufer und Wartenden.

Ranruf trotz Ablenkung lässt sich beim jungen Hund auch gut mittels langer Leine abgesichert üben. Praktisch auch, hierbei die Hundepfeife mit einzusetzen.

Besitzer im rechten Winkel oder auch gradlinig zum wartenden Hund abgerufen wird. Einen besonderen Reiz stellt hierbei natürlich der Lieblingskumpel dar!

Den davonlaufenden Hund stoppen und sein Verhalten umlenken zu können, ist immer wichtig, es kann sogar auch einmal lebenswichtig werden, wenn der Hund z.B. Richtung vielbefahrener Hauptstraße läuft!

Vorsicht

Bitte aufpassen, dass der Hund bei dieser Übung wirklich gesichert ist bzw. beim Stand auf der Leine, diese nicht unter den Fuß herflutschen kann. Evtl. kann ein Knoten in die Leine gemacht werden, vor dem man sicher den Fußballen aufstellt. Und bitte nicht zu knauserig mit der alternativen Gemeinschaftsaktion sein. Die Entscheidung für den Menschen soll sich wirklich lohnen!

Einfach mal Ruhe bewahren

Häufig zu sehen: Der Hund zappelt und hampelt an der Leine herum, weil es gerade nicht weitergeht, der Mensch reagiert völlig entnervt mit »Nein!«, »Aus«, »Lass das!«, »Sitz«, »Platz« usw. Was bereits ab Welpenalter etabliert werden kann und ganz leicht umzusetzen ist, ist das »Fuß auf die Leine«-Signal. Probieren Sie es aus!

Fuß auf die Leine als Zeichen für Ruhe! Ein einfaches Signal, das sich in der alltäglichen Praxis bewährt.

Für wen?

Besonders für junge Hunde (ab Welpenalter, wenn an die Leine gewöhnt, möglich), aber auch für alle anderen »Zappelphilippe« geeignet.

Wie?

Der Mensch bleibt stehen und tritt mit einem Fuß auf die Leine, so dass der Hund nur noch einen geringen Radius zur Verfügung hat. Auf verbale Kommandos wird gänzlich verzichtet, denn dem Hund soll gar nicht erst gesagt werden, was er tun soll. Vielmehr soll er durch eigenes Ausprobieren erfahren können, welche Position für ihn bequem und lohnenswert ist. In der Regel dauert es nicht lange und der Hund setzt oder legt sich selbständig hin. Dies Verhalten wird für den Hund deutlich erkenn-/erfahrbar sofort bestätigt (freundliche Mimik, Futtergabe, sanfte Stimme, nur nicht zu euphorisch, was ihn wieder aufscheuchen könnte). Auch der Einsatz eines Clickers ist gut möglich! Der Hund lernt, welche Position in welcher Situation angemessen ist. Das führt zu gutem Benehmen des Vierbeiners, ohne dass ihm ständig Anweisungen gegeben werden müssen.
Weiter verhindert der Fuß auf der Leine ein plötzliches Aufspringen des Hundes und eine direkte Stimmungsübertragung Mensch/Hund. Weitere positive Aspekte!
Solche »Ruhe bewahren«-Übungen können problemlos in den Spaziergang integriert werden und sollten im Alltag immer dann umgesetzt werden, wenn der Mensch stehenbleiben möchte oder muss (rote Ampel am Fußgängerüberweg, Blick in ein Schaufenster, Plausch mit dem Nachbarn usw.).

Schüchtern und scheu

Vor einigen Jahren bekam ich einen jungen Briard in die Welpengruppe, der mich vor spezielle Anforderungen stellte. Noch nie zuvor habe ich einen Welpen vom »Züchter« (?!) erlebt, der dermaßen menschenscheu, unzugänglich und eingeschüchtert war. Bei Tieren aus dem Tierheim oder von Tierschutzorganisationen kennt man solche Verhaltensweisen eher und erklärt sie gegebenenfalls mit Gewöhnungsversäumnissen, schlechten Erfahrungen oder Deprivationsschäden. Die jungen Besitzer waren nicht gänzlich unerfahren und sehr bemüht, aber auch etwas frustriert. Die anderen Hunde fand der kleine Racker toll, spielte und tobte. Aber Menschen? Nein, danke!

Für diesen »Held« gab es zu Beginn und zum Ende der Treffen stets eine besondere Übung, die ihm und auch anderen, vorsichtigen und in Bezug auf Menschen skeptischen Vierbeinern positive Erlebnisse vermitteln kann.

Für wen?

Diese Übung ist für jedes Alter geeignet und richtet sich an Hunde, die dem Menschen skeptisch und mit Vorsicht begegnen.

Wie?

Stufe 1:

Mehrere, dem Hund fremde Menschen (anfangs reichen 1–3 Personen, je nach Ausprägung der Skepsis!), hocken dem Hund abgewandt (Rücken zum Hund) mit etwas Abstand nebeneinander in einer Reihe. Eine Hand ist nach hinten ausgestreckt, in dieser Hand liegt ein Stück Fleischwurst, Wienerle, gekochtes Fleisch oder ähnlich Leckeres, gut Duftendes. Ausnahmsweise gilt hierbei auch einmal **nicht** die Forderung nach besonders kleinen Happen. Der Hund wird an einer etwas längeren Leine (2–3 m) an den ausgestreckten Händen langsam (!) vorbeigeführt. Er soll die Ruhe, die Zeit und die Möglichkeit haben, sich selber mit der Situation auseinanderzusetzen und zu entscheiden, ob er sich den Leckerbissen nähert oder nicht.

Manche Hunde sind zu Beginn derart unter Stress, dass sie sich nicht trauen, explorativ zu agieren. Das heißt, sie gehen nicht schauen, haben kein Interesse am angebotenen Futter, weichen womöglich weiter aus. In diesen Fällen wird zu Beginn »der Spieß umgedreht«: Auf den ausgestreckten Händen liegt z.B. ein Gummibärchen oder eine Kakaobohne, die der Mensch sich mit begeistertem »Ah« und »Hmmmm« nehmen und verspeisen darf. Der Hund schaut dabei einfach nur zu, wird aber ansonsten überhaupt nicht beachtet, nicht angeschaut, nicht angesprochen, zu nichts aufgefordert. Er ist reiner Zuschauer, wieder an längerer Leine, mit welcher er sich auch bis in die maximal mögliche Distanz entfernen kann und darf.

Und nicht entmutigen lassen, wenn die Reaktion des Hundes sich beim nächsten und übernächsten Versuch in den Folgetagen nur sehr langsam ändert oder alles vorerst nicht viel anders verläuft. Man kann dann aber auch bekannte Personen nehmen und nur eine fremde dazuplatzieren.

Stufe 2:
Bei Stufe 2 hocken alle Personen hintereinander mit zur Seite ausgestrecktem Arm. Der Hund sieht also nicht den Rücken, sondern das Profil. Wieder blicken die Hockenden vor sich und nicht zum Hund.

Stufe 3:
Bei Stufe 3 sind alle Personen dem Hund zugewandt, anfangs noch immer hockend, später auch locker in einer Reihe stehend, mit nach vorn ausgestrecktem Arm. Die angebotenen Brocken werden nun aber kleiner!
Anfangs blicken die Menschen wieder vor sich und nicht zum Hund. Mit zunehmendem Mut des Hundes kann dieser aber auch mit angeschaut (normal, nicht fixierend!) und leise, sanft angesprochen werden. Angefasst wird der Hund aber nicht, Berührungen gehen vom Hund aus, nicht vom Menschen.

Varianten:

Wenn der Hund neugierig und erwartungsvoll die Reihe abmarschiert und die Angebote einsammelt, dann kann von der Reihenformation in eine Kreisformation übergegangen werden. Langsam wird der Radius des Kreises verringert. Ziel ist, dass der Besitzer einfach mittig stehenbleiben kann und der Hund aktiv und eigenständig die ihm zugewandten Personen (variabel mal stehend, mal hockend, mal im Profil, mal auf einem Bein, mal mit Hund, mal mit Schirm in der Hand, auch mal leicht vorgebeugt usw.) abmarschiert.
Klappt das, so kann der Kreis sich bewegen, mal ein paar Schritte nach rechts oder links, nach vorne oder zurück oder einige Personen bewegen sich, andere bleiben stehen und die Kreisformation löst sich auf.

Kann der Hund diese Aufgabe meistern, kann er nun auch sicherlich an der Leine durch zuerst weiter auseinanderstehende, später enger beieinanderstehende Menschengruppen geführt werden und wird so fit für den Alltag.

Was zu beachten ist

Bei Stufe 1 und 2 verharren die Menschen reglos und richten den Blick vor sich gen Boden. Auf keinen Fall wird nach hinten »gespinxt« oder der Hund verbal angesprochen.

Bitte berücksichtigen: Bei ausgeprägten, pathologischen Fällen bedarf es einer individuellen Anleitung und Unterstützung durch eine qualifizierte Fachperson (z.B. verhaltenstherapeutisch geschulter Tierarzt)!

Da kann eine einzelne kleine Übung natürlich keine Wunder bewirken!

»Graue Schnauzen«

Ältere Hunde sieht man (leider!) in Hundeschulen seltener, bei Hundetreffs und Hunderunden sind sie etwas häufiger anzutreffen. Sicherlich liegt das nicht daran, dass in Hundeschulen nichts für vierbeinige Senioren angeboten wird. Im Gegenteil, das Angebot wächst stetig. Viele Hundebesitzer lassen sich durch den Begriff der »Schule« suggerieren, dass es in Hundeschulen nur um Lernerfahrungen rund um den Alltagsgehorsam geht, was ältere Hunde meist schon im Rahmen der Zufriedenheit und gemäß den Vorstellungen ihrer Besitzer beherrschen. Und bei echten Hundesenioren sieht man häufig eh keinen Sinn mehr. Nicht selten hört man als Trainer: »Naja, der ist ja alt und kann nichts mehr lernen!« Eine komplett falsche Ansicht, denn ein Lebewesen – auch wir Menschen! - kann immer lernen, auch im Alter.
Ich muss gestehen, dass bei mir »graue Schnauzen«, gemeint sind echte Hundeomas und -opas in Richtung »Ü 10«, eine gewisse »Narrenfreiheit« genießen dürfen. Ihre kleinen Marotten und Macken machen sie nur umso liebenswerter. Im Umgang mit ihnen muss langsam, aber sicher und schleichend zunehmend Rücksicht genommen werden auf körperliche, eventuell auch geistig kognitive Einschränkungen. Aber solange der Geist wach ist, hat er im Normalfall auch Spaß am Denken, am Tun, vor allem am Miteinander mit seinem Menschen und an Geselligkeit. Gerade Letzteres nimmt im Alter häufig zu.

Es macht Sinn, auch wenn es schwerfällt und man sich mit diesem Thema ungern auseinandersetzt, sich als Hundebesitzer mit den Vorgängen des Alterns auseinanderzusetzen und sich zu informieren, was nachlassende Sinnesleistungen und schwindende körperliche Fähigkeiten im Alltag bedeuten. Es gibt eine Vielzahl leichter Handgriffe, einfacher Maßnahmen, sinnvoller Hilfestellungen und zu berücksichtigender Dinge in Ernährung und Pflege, die von großem Nutzen sein können (siehe Literaturempfehlungen im Anhang).

Auf häufige Positionswechselwiederholungen von Sitz und Platz sollte im vorangeschrittenen Hundealter verzichtet, häufige Tempowechsel und vor allem hohe Sprünge sollten nicht erzwungen und reduziert werden. Die Dosis macht das Gift. Eventuell machen noch unbemerkte Arthrosen bereits Beschwerden, vielleicht sind Bänder, Sehnen und Muskulatur schon schlaffer und Verletzungsrisiken nehmen zu. Nun kommt die Zeit der langsamen (aber Bewusstsein fördernden und Konzentration verlangenden!) Bewegungsabläufe. Cavalettitraining und Bodenarbeit nach Tellington sind empfehlenswert und machen Spaß. Geeignet sind auch bewusste und beabsichtigte Spaziergänge in unwegsamerem Gelände oder z.B. über Ackerfurchen. Hierbei wird die Muskulatur besonders trainiert. Oder auch mal »Wassertreten á la Kneipp«! Schnüffelspiele jeglicher Couleur werden häufig auch sehr gerne angenommen und absolviert, dies auch indoor. Schnüffelrasen, Sniffpad, Sniffstar oder Schnüffelbox (siehe Seite 43) lassen keine Langeweile aufkommen. Wie bei einem Welpen, muss auch beim Senior berücksichtigt werden, dass die Phasen der Konzentrationsfähigkeit kürzer werden. Aber auch graue Schnauzen sind kein altes Eisen!

Schnüffeln macht auch grauen Schnauzen Spaß. Und ist der Mensch mit in der Nähe, ist es noch »geselliger«.

Der auf Seite 89 beschriebene Vario-Zirkel lässt sich wunderbar auch für Hundesenioren gestalten, die Gehorsamsstrecken lassen sich altersgemäß und nach individuellem Kräftevermögen anpassen.

Die stille Stunde

Mit Worten gehen die Menschen in der Regel sehr großzügig, fast inflationär um. Auch – und gerade – in Bezug auf den Hund. Da ist es für alle Beteiligten eine lustige, aufschlussreiche und nicht so einfache Erfahrung, einmal Anweisungen und Anleitungen gänzlich ohne Worte, nur über körpersprachliche Signale, Gesten und Mimik zu übermitteln!

Für wen?

Diese Übung ist für jedes Alter geeignet, besonders aber für gewachsene Mensch-Hund-Beziehungen und etwas ältere Vierbeiner.

Wie?

Jegliche Kontaktaufnahme, jede Anweisung, jede Führung soll ohne (!) akustisches Signal (ohne Worte, ohne Klatschen, ohne Schnalzen usw.) erfolgen. Hier sind eine klare Körpersprache, bewusst eingesetzte Mimik und deutliche Gestik gefragt.
Es lassen sich einzelne Aufgaben z.B. mit den Positionsstäben ablaufen, es kann im fortgeschrittenen Stadium auch ein Vario-Zirkel mit verschiedenen Stationen aufgebaut werden. Auch der Einsatz von Sportgeräten (Tunnel, Wippe, bei Senioren niedrigere Hürden) und Elementen aus der Bodenarbeit ist möglich. Mensch und Hund müssen viel mehr aufeinander achten.

Was zu beachten ist

Noch ungeübte Mensch-Hund-Teams sollten zuerst die einfachen Dinge wie das Arbeiten mit Sichtzeichen, das »Heranlächeln« (Seite 12) und das schweigende Führen üben, bevor sie sich gegenseitig im Vario-Zirkel oder auf anspruchsvolleren Streckenaufbauten überfordern. Es ist gar nicht so einfach, wortlos zu kommunizieren!

Wenn der Mund schweigt, muss der Körper sprechen.

3.
Umwelt erleben >
Wald und Flur

Raus in die Natur und hinein in den Alltag

Hundevereine hatten schon immer »ihren« Platz, dort wurde trainiert, dort herrschten »Zucht und Ordnung«, also geregelte Verhältnisse. Wer eine gewerbliche Hundeschule eröffnen möchte, der sucht ebenfalls nach einem Gelände, wo Training, aber auch durch Einzäunung gesicherter Freilauf und andere Aktivitäten stattfinden können. Und doch gibt es etliche Trainer, die völlig ohne eigenen Hundeplatz arbeiten. Auch privat organisierte oder semiprofessionelle Hundetreffs und -runden halten sich oft überwiegend bis ausschließlich in »normaler« Alltagsumgebung auf. Sicherlich muss angemerkt werden, dass für Gewerbetreibende das Trainieren z.B. im Wald nicht ganz unproblematisch ist, da eine gewerbliche Nutzung der Öffentlichkeit (und so etwas wäre das dann strenggenommen) besonderen Vorgaben und Auflagen unterliegt und je nach Region genehmigungspflichtig ist. Wer hier Genaueres wissen möchte, der frage in seinem zuständigen Ordnungs- oder Forstamt nach!

Doch es ist sinnvoll und macht Spaß, mit und in der Gruppe auf Abenteuer- und/oder Erlebnisspaziergänge zu gehen und diese mit kleinen Übungsunterbrechungen, Schnüffelspielen und Gehorsamsaufgaben abzurunden. Und für den Hund bringt es das mit sich, was man ***Generalisierung*** nennt. Er lernt »ganz nebenbei«, dass die Dinge, die auf dem eingezäunten Areal Gültigkeit haben, auch außerhalb gelten. So wird verhindert, dass sich »Ich-gehorche-nur-auf-dem-Platz-Früchtchen« entwickeln!

Begegnungssituationen sollten immer wieder geübt werden mit wechselnden Begegnungspartnern und an unterschiedlichen Orten. So wird der Vorgang leichter für Mensch und Hund zur gewohnten Routine.

Gut zu erkennen, dass der Labrador mit dem Samojeden rechts und dem danebenliegenden Laika-Mix kommuniziert und durch diese abgelenkt wird. Die Besitzerin hätte es bei reizabgewandter Führung sicherlich einfacher, den Hund für sie ansprechbarer zu halten.

Wald und Flur

Große Wiesen und breite Waldwege bieten sich für Gruppenübungen, aber auch für Spiele an. Es lassen sich Begegnungssituationen in Reihe (= aneinander vorbei) oder im Kreis (= aufeinander zu) nachstellen. Hierbei ist es einfach, Theorie und Praxis miteinander zu verbinden, eine gute Gelegenheit für Trainer bzw. Hundeschulen. Die meisten Hunde sind bei reizzugewandter Führung (reizzugewandt = Hund und Reiz, z.B. anderer Hund, Spielzeug, Futter, befinden sich vis-a-vis) wesentlich abgelenkter und unkonzentrierter, bei reizabgewandter (Mensch ist zwischen Hund und Reiz) deutlich ansprechbarer. So wird dem Hundehalter leicht(er) klar, wie er so manche Konfliktsituation für sich und seinen Hund analog im Alltag einfacher bewältigen könnte.

Auch eine Demonstration mit erhöhter und verringerter Distanz zum Reiz ist in den meisten Fällen sehr aussagekräftig. Versuchen Sie folgende einfache Übung einmal und/oder schauen Sie bei anderen Mensch-Hund-Teams dabei zu:

Für wen?

Für jedes Mensch-Hund-Team geeignet, um die (Aus-)Wirkung von Reiz und Ablenkung zu demonstrieren bzw. zu erfahren. Auch gut zu erkennen, wie Alter, Dauer und Festigkeit der Mensch-Hund-Beziehung und allgemeines Sozialverhalten diese Situation mit beeinflussen.

Wie?

Übung Distanz <—> Reiz

Eine gut gefüllte, duftende Schüssel mit Nassfutter steht auf der Wiese. In unmittelbarer Nähe positionieren Sie sich mit Ihrem Hund und fordern ein paar Grundkommandos ein (Sitz, Platz, Bleib). Danach das Gleiche noch einmal, aber mit größerer Entfernung zur Futterschüssel. Für wenig Futter motivierte Hunde nimmt man alternativ ein begehrtes Spielzeug. Abhängig vom Alter und Erziehungsstand des Hundes sind natürlich unterschiedliche Reaktion zu sehen. Aber bei fast allen Hunden ist festzustellen, dass der Reiz zumindest ablenkt und die Aufmerksamkeit des Hundes beeinflusst. Die Augen flattern

Entspanntes An-der-Leine-Gehen will erlernt werden können und muss geübt werden. Spaziergänge in der Gruppe eignen sich gut für kleine Übungseinlagen.

und suchen öfter den Reiz, wenden sich dabei also vom Menschen ab, die Muskeln sind angespannt, evtl. ist eine erhöhte Atemfrequenz zu bemerken. Anders ist es bei größerer Distanz.

Resümee
Für den Alltag ist das Resümee einfach: Je näher der Reiz, desto größer die Beeinflussung des Hundes durch diesen, was bei Anleitung und Erziehung berücksichtigt werden muss. In der Hundeschule eignet sich diese Übung gut für einen kleinen Theorieblock rund um das Thema »Reize und Distanzen«.

Spaziergänge sind aber auch geeignet, um das Verhalten innerhalb einer Gruppe zu üben, wenn kein Freilauf und Spiel angesagt sind. Ein Hund, der gelernt hat, sich ruhig und entspannt zu bewegen, sich am eigenen Menschen zu orientieren und Nähe von anderen Menschen und Artgenossen auszuhalten, ist auch innerstädtisch ein angenehmer und unproblematischer Begleiter.

Vermehrt werden sogenannte »Social Walks« angeboten, Lernspaziergänge, bei denen auf Individualdistanzen und soziales Verhalten geachtet wird. Solche Spaziergänge sollten deutlich häufiger Bestandteil der Hundeerziehung in Hundevereinen und -schulen sein, denn hierbei wird wesentlich mehr das Alltagsgeschehen widergespiegelt – und das macht Hund und Halter fit »für den Ernstfall« bei den täglichen Spazier- und Gassigängen!

Wald-Sportplatz

Wald und Flur bieten Unmengen an Inspiration und Gelegenheit, den Hund sich selbst ausprobieren zu lassen (z.B. beim Balancieren oder

Klettern und Springen) oder um ihn kontrolliert zu fördern. Man muss nur etwas die Augen offenhalten, und schon findet man einen bestens ausstaffierten, völlig kostenlos angebotenen »Sport«-Platz, der dazu im Jahreskreislauf auch noch sein Aussehen und seine geruchliche Komponente verändert. Der Ranruf über Hindernisse, das Balancieren über Steine, Baumstämme oder Erdhügel und ein Slalom um Baumstämme, sind tolle Aktionen, die Konzentration, Koordination und Selbstbewusstsein schulen und stärken.

In Bächen oder Seen lässt sich das Element Wasser erleben. Der Hund kann plantschen, schwimmen, nach Futterbrocken oder Spielzeug tauchen.

Vorsicht

Bitte große Vorsicht walten lassen beim Stöckchenschmeißen! Die Verletzungsgefahr durch einen beim Fangen in den Hals

Hier und da gibt es auch Trimm-Dich-Pfade, die man prima für das »Hundetraining« nutzen kann.

geratenen Stock ist immens groß! Lieber spezielles Kautschukspielzeug verwenden. Und – gerade an heißen Tagen! – an den Kreislauf des Hundes denken. Am Wasser langsam (!) von unten nach oben abkühlen, bevor der Sprung ins kühle Nass erlaubt wird.

Spaß machen solche Gemeinschaftsaktionen eigentlich immer, ob dem einzelnen Mensch-Hund-Team oder in der Gruppe.

Suchspiele

Hunde lieben es einfach, ihre Nase einzusetzen, Witterungen aufzunehmen und zu verarbeiten. Der zugehörige Halter ist nicht immer begeistert über das Ergebnis solcher Schnüffeleinsätze: Der jagdlich motivierte Hund ist womöglich auf und davon oder hängt in der begrenzenden Leine, der nächste »Spezi« hat gegebenenfalls eine »körperliche Hinterlassenschaft« gefunden, in der er sich genüsslich wälzt und nun stinkt wie die »Wutz«. Dann doch vielleicht lieber zwischendurch gezielte Suchspielchen mit einplanen, für die Wald und Flur alle Möglichkeiten bieten.

Für wen?

Für jedes Mensch-Hund-Team geeignet, auf Alter und körperliche Verfassung des Hundes kann bei Schwierigkeitsgrad und Aufbau leicht Rücksicht genommen werden.

Wie?

Suchspiele können nach Lust, Laune und Phantasie aufgebaut werden, die Möglichkeiten sind schier unendlich. Es können Futter (mit und ohne Beutel drumherum), Spielzeug, Personen, Gegenstände usw. versteckt werden. Wichtig ist aber gerade zu Beginn, dass der Hund Erfolg hat. Deshalb muss der Aufbau am Anfang so gestaltet sein, dass der Hund - ohne menschliche Hilfe und ohne zu lange beansprucht zu sein! - sein Ziel erreicht.

Beispiel, in welchem der Hund bereits »Sitz« und »Bleib« kennt: Der Hund sitzt 1–2 m vor einem Baumstumpf. Auf den Baumstumpf wird ein Futterbrocken oder Spielzeug abgelegt. Der Mensch geht zurück zum Hund, macht eine Zeigegeste gen Baumstumpf (siehe Seite 41) und sagt »Such«. Der Hund geht zum Futter oder Spielzeug und darf sich dies nehmen. Der Mensch sollte am Ausgangsort stehenbleiben und den Hund motivieren, zu ihm zurückzukommen (evtl. mit langer Leine sichern!). Der Ablauf kann leicht wiederholt werden.

Verschiedene Lernerfahrungen kann der Hund hierbei machen:

- Zeigegesten des Menschen haben eine Bedeutung und helfen,
- »Such« zu befolgen bringt Erfolg,
- Mensch und Hund kooperieren,
- Rückkehr zum Menschen führt zur Fortsetzung der Gemeinschaftsaktion.

Hat der Hund den Aufbau und die Bedeutung von »Such« verstanden, kann der Schwierigkeitsgrad erhöht werden.

Alle beschriebenen Aufbauten können 1:1 auf die häusliche Umgebung übertragen werden und auch indoor für Beschäftigung und sinnvolle Auslastung sorgen!

In Laubhügeln und an Baumstümpfen lassen sich Objekte erschnüffeln, manche sind vielleicht nur durch Strecken oder Klettern zu erreichen.

Stolperfalle

Nicht selten ist der Mensch bei Suchspielen zu euphorisch und versteckt für den ungeübten Sucher zu schwierig (z.B. in der Höhe, obwohl der Hund am Boden noch nicht geübt ist). Der Vierbeiner hat noch nicht die Erfahrung und deshalb fehlt die Motivation, länger zu suchen, die Nase gezielt einzusetzen. Frust macht sich breit.
Solange der Begriff »Such« nicht mit positiven Erfahrungsinhalten gefüllt ist, verhält es sich ebenso wie mit der beschriebenen »Vierundneunzig« (Seite 38).

Tipp

Aufgrund erzieherischer Überlegungen möchten manche Hundehalter kein Futter vom Boden aufnehmen lassen. Wer aber seinen Hund auch nicht für Spielzeug oder Futterbeutel zu interessieren vermag, kann alternativ schwierig auf ein Suchobjekt umsteigen. Hier könnte ein Training vorausgehen, bei welchem zum Beispiel nur ein Futterbrocken von einer bestimmten Unterlage (z.B. Waschlappen) genommen werden darf, liegt etwas daneben, ist das tabu.

Schnüffelstraße

Die Schnüffelstraße lässt sich indoor wie outdoor aufbauen, kann in den »Vario-Zirkel« (Seite 89) mit eingebaut werden und bietet wieder verschiedene Variationsmöglichkeiten. Sie lässt sich leicht aus entsprechenden Behältern (Eierkartons, Papprollen usw.) selberbauen oder z.B. durch umgedrehte Plastikblumentöpfe gestalten. Es gibt sie aber auch – wie auf dem Foto abgebildet – im Handel.

Bei der Absuche kann es Döschen ganz ohne Inhalt geben und nur vereinzelt eine mit Füllung, die der Hund herausfinden soll. Hat er sich falsch »entschieden«, so erhält er nur ein »Schade!« und wird von der Schnüffelstraße weggeführt. Nach einer Weile kann man ihn wieder absuchen lassen. Zu Beginn empfiehlt sich ein stärker duftender Leckerbissen, dann kann die Hilfestellung abgebaut werden. Wie man das Anzeigeverhalten etablieren möchte, bleibt jedem selber überlassen. Von Anstupsen bis Pfote drauf, davor absitzen oder liegen, mit oder ohne Lautgebung, alles ist möglich. Der Clicker lässt sich hierbei gut einsetzen, ist aber kein Muss.
Bei erfahrenen Suchern kann auch mit verschiedenen Düften gearbeitet werden, aus welchen heraus ein bestimmter entdeckt werden muss (Geruchsidentifikation/Geruchsunterscheidung). Auch lässt sich der Aufbau im Sinne der Zielobjektsuche (ZOS) gestalten. Zu beiden Themenbereichen finden sich Buch- und Filmempfehlungen im Anhang.

Spaß-Trailen

Eine tolle Beschäftigung ist die spielerisch aufgebaute Personensuche (eine laiengeeignete Version des Mantrailings), die den natürlichen

Fähigkeiten des Hundes entgegenkommt, aber auch eine Bereicherung für die Mensch-Hund-Beziehung darstellt. Hierbei darf nicht nur, sondern muss der Hund die Richtung vorgeben, wohingegen der Mensch aber das Tempo reguliert. Der Mensch muss seinem Hund vertrauen und ihm den Job überlassen. Der Hund wiederum muss lernen, dass sein Mensch nicht durchs Unterholz kriechen kann und deshalb passende Wege und Pfade zu suchen sind.

Reihensuche

Für wen?

Gruppen mit mehreren Teams, bei denen aber mindestens ein Mensch mehr als Hunde vorhanden ist. Für jedes Mensch-Hund-Team geeignet, bei welchen die Hunde es ertragen können, dass ihr Mensch von ihnen weggeht und jemand anderes sie an der Leine führt. Auf Alter und körperliche Verfassung des Hundes kann bei Schwierigkeitsgrad und Aufbau leicht Rücksicht genommen werden.

Wie?

Die Hundebesitzer tauschen nach Lust und Möglichkeit ihre Hunde untereinander aus, die Zusatzperson bekommt ebenfalls einen Hund an die Leine, sodass ein Hundebesitzer ohne Hund ist. Dieser Hundebesitzer startet zuerst, geht ein Stück davon und versteckt sich. Er wird von seinem Hund

gesucht, den nun eben ein »fremder« Mensch führt. Haben sich Mensch und Hund gefunden, gehen diese ein Stück abseits, sodass der Mensch, der den suchenden Hund geführt hat, nun allein im Versteck steht. Er wird jetzt von seinem Hund gesucht usw., bis alle Hunde ihren Menschen gesucht haben. Der letzte Hund wird bei der Suche seines Menschen von der Hilfsperson geführt.
Da der eigene Hund in der Regel von allein motiviert ist, seinen Menschen zu suchen, braucht es bei diesem Aufbau kein Geruchsobjekt der zu suchenden Person, wie es beim echten Mantrailing der Fall ist. Dafür kann es leicht ad hoc zwischendurch angesetzt werden.

Bitte beachten
Entfernung und Schwierigkeitsgrad bitte nur langsam steigern, damit der Hund Erfolg hat und sich nicht Frust breitmachen kann!
Für trailende Hunde sollte diese Beschäftigung nicht unter »Trail go« (oder genutztes Kommando) durchgeführt, sondern einfach unter dem Begriff »Such' Frauchen/Herrchen« angeboten werden, damit das fehlende Geruchs- und das nicht angezogene Signalobjekt nicht zur Verwirrung führen.

Schlammschlacht à la Wacken

Vielleicht darf der Vierbeiner sich ja auch mal so richtig im Sand oder im Schlamm wälzen und suhlen?! Seine Begeisterung ist sicherlich um ein Vielfaches höher als die seines Menschen, aber ...

Vorher

Und weiterer Verlauf (fast ein Suchbild!)

Nachher – Und es hat richtig Spaß gemacht!

4.
Umwelt erleben >
Industrie und Stadt

Der städtische Bereich mit Verkehr, Enge, einer Fülle an akustischen, optischen und olfaktorischen Besonderheiten, mit unterschiedlichster Industrie und Gewerbetrubel, Kunst und Alltagsobjekten und vielem mehr, bietet andere Möglichkeiten zum Entdecken, Üben, Ausprobieren. Kombiniert man das mit einer Zug- oder Busfahrt, gibt es zusätzlichen Input.

Im Hundeschulprogramm sind Stadtgänge in der Regel fester Bestandteil des Lehrprogramms. Doch auch der einzelne Hundehalter kann diese Chancen nutzen (obwohl es grad in einer Gruppe immer viel Spaß macht und Mensch und Hund Hemmungen und Scheu nimmt!). Eine gute Idee für schlechtes Wetter sind z.B. überdachte Einkaufszentren, wo Aufenthalt und Durchqueren von Geschäften, Cafébesuch, Aufzugfahren u.a. für Herausforderung und Abenteuer sorgen. Nicht selten kommt der Einwand von skeptischen, unmotivierten Hundebesitzern, dass ein Stadtbesuch mit Hund nicht im eigenen Interesse liegt, da man selber schon nicht gerne shoppen geht und der Hund ja so gar nichts davon hätte. Das will man dem Tier nicht antun. Verstehen kann ich solche Einwände schon, dennoch muss gesagt werden, dass ein Hund durchaus Nutzen aus diesen Aktivitäten zieht. Denke man allein einmal an Urlaubsreisen, wo der Hund vielleicht doch die Familie einmal in eine City, auf einen Markt oder in ein Straßencafé begleitet.

Toll, wenn er dann cool und locker auf alles reagiert – weil er es eben schon kennt und gemeistert hat!

Der Stadtbesuch

- Es erfolgt eine Auseinandersetzung mit anderen Reizen als im Wald/in der Natur.
- Es gibt eine Fülle von Sinneswahrnehmungen, die verarbeitet werden müssen.
- Wechsel von Innen und Außen, Treppen, Fahrstuhl, Brücke, verschiedene Bodenbeläge, Gerüche, Geräusche u.a.
- Es gelten andere Regeln als im Wald/in der Natur (nicht überall markieren, nicht überall schnüffeln, ruhig an der kürzeren Leine gehen, häufiges Stop-and-Go u.a.).
- Wieder erfolgt die zuvor erklärte Generalisierung beim Lernen und Erfahren.
- Mensch und Hund erleben etwas gemeinsam.

Natürlich müssen der zeitliche Rahmen und die Intensität dem Alter und/oder der psychischen Verfassung des Hundes angepasst sein!

Slalomlauf um Pöller.

Auch wenn es wackelt: Eine gute Übung für Jung und Älter.

Ruhige Ecken erlauben auch innerorts »Bleib-« und Ranruf-Übungen.

Auch Fahrradständer kann man nutzen.

Ist das Kunst? Auf jeden Fall geeignet für kleine Übungen!

Erst skeptisch, dann mutig, zum Schluss Held!

Nachahmungslernen

Geschafft!

5.
Spielend lernen –
lernend spielen

Spielideen für die Hundeschulwiese oder den Hundetreff

Wer noch aus eigener Kindheit Straßenspiele kennt oder seine Kinder nach solchen fragen kann, der wird einige auch für Hundetreffen und die Hundeschule lustig anpassen können. Hier einige Beispiele als Anregungen, lassen Sie Ihrer Phantasie freien Lauf:

Die Reise nach Dog-City

Auf der Wiese verstreut stehen Pylonen, von der Anzahl her eine weniger als teilnehmende Mensch-Hund-Teams mitmachen. Wer Musik hat, kann Musik spielen, ansonsten kann der Spielleiter auch einfach in die Hände klatschen, mit Topfdeckeln klappern, mittels Ratschen Lärm machen oder z.B. »Bellen«. Bevor sich alle in Bewegung setzen, wird eine Position bestimmt, die der Hund an einer Pylone einnehmen muss (Sitz, Platz, Steh oder Bleib – Mensch steht dann in einigen Metern Entfernung zum Hund). Solange Musik oder Lärm ertönt, sind alle Mensch-Hund-Teams in Bewegung. Sobald es still wird, muss die zuvor bestimmte Position an einer Pylone eingenommen werden. Pro Pylone ist nur ein Mensch-Hund-Team erlaubt. Wer keine freie Pylone mehr erreicht und/oder wessen Hund die Position nicht ausführt, scheidet aus. Fortfahren, bis nur noch ein Mensch-Hund-Team übrig ist, das somit

Viele Kinderspiel- und Sporttrainingsutensilien lassen sich gut im Umgang mit Hunden einsetzen.

gewonnen hat. Hierbei lassen sich auch gut Positionsstäbe einsetzen. Je Stab ein Hund, die Position bestimmt die Abbildung am Stab.

Sitz, Platz, Fuß

Dem Kinderstraßenspiel »Eins, zwei, drei – saurer Hering« nachempfunden:
Die Mensch-Hund-Teams stehen nebeneinander in einer Reihe. In einer Entfernung von 30 bis 40 Metern (je nach Lautstärkevermögen) steht der Spielleiter mit dem Rücken zu den andern. Vor Spielbeginn wurde den verschiedenen Armpositionen des Spielleiters eine bestimmte Position, die der Hund einzunehmen hat, zugeordnet, zum Beispiel: rechter Arm hoch = Sitz, linker Arme hoch = Platz, beide Arme hoch = Steh, beide Arme runter = Fuß).

Nun ruft der Spielleiter: »Sitz, Platz, Fuß - ich dreh!« und führt dabei eine Armposition aus. Während des Rufens bewegen sich die Mensch-Hund-Teams auf den Spielleiter zu, der sich nach dem letzten Wort sofort umdreht.

Wer noch beim Gehen gesehen wird oder wessen Hund nicht in der geforderten Position ist, muss fünf Schritte zurück. Dann dreht sich der Spielleiter wieder um und ruft von Neuem. Wer als Erster den Spielleiter abklatscht, hat gewonnen.

»Eier«-Lauf

Der Hundehalter bekommt einen Löffel, auf dem sich ein Tennisball befindet, in die Hand und muss eine Strecke mit Hund bei »Fuß« ablaufen oder einen Hindernisparcours mit dem Hund absolvieren. Zusätzliche Reize wie Futterschüssel, Spielzeug, andere Teilnehmer können mit eingebaut werden.

Der »Eier-Lauf« lässt sich auch gut in den Vario-Zirkel mit einbauen.
Variationen sind je nach Anspruch, Trainingsziel und Fähigkeiten machbar.

Staffellauf

Die anwesenden Mensch-Hund-Teams werden in zwei (oder mehr) Gruppen aufgeteilt, jede Gruppe erhält eine identische Aufgabenstrecke, die vom jeweiligen Läufer absolviert werden muss. Je nach Fähigkeiten der jeweiligen Teilnehmer können die Aufgaben variieren und leichter oder schwieriger gestaltet werden. Der Start ist gleichzeitig, als Staffelholz dient ein Hundespieltau oder Ähnliches.
Variationen sind je nach Anspruch, Trainingsziel und Fähigkeiten machbar.

Der Plumpsack geht rum

Die Mensch-Hund-Teams stehen im Kreis, Blickrichtung nach innen, die Hunde befinden sich in einer vorher abgestimmten Sitz- (Grundposition oder Vorsitz) oder Platzposition. Ein Mensch-Hund-Team mit »Plumpsack« in der Hand (das kann ein Spielzeug, ein Stofftaschentuch mit einem Knoten, ein mit Sand gefülltes Säckchen oder ähnliches sein) geht außen um den Kreis herum. Der Plumpsack wird unauffällig hinter einem Mensch-Hund-Team fallen gelassen.

Sobald das Team es bemerkt hat, bekommt dessen Hund das »Bleib« und der Mensch läuft allein dem Plumpsackwerfer und seinem Hund nach und versucht, ihn abzuschlagen. Gelingt ihm dies nicht, bevor der Flüchtende um den Kreis bis zum wartenden Hund gelaufen ist, oder wartet der Hund nicht in der vorgegebenen Position, muss der Verfolger seinen Hund abholen und ist nun Plumpsackträger. Der vorherige Plumpsackträger stellt sich auf dessen Position, der Hund nimmt die vorgegebene Position ein. Hat ein Mensch nicht bemerkt, dass der Plumpsack hinter ihm liegt, so schlägt ihn der Plumpser, wenn er bei der nächsten Runde wieder vorbeikommt, ab und er muss »ausscheiden« (z.B. Hund ins »Bleib«, Mensch in die Kreismitte). Variationen sind je nach Anspruch, Trainingsziel und Fähigkeiten machbar.

Insel bzw. Insel-Spiel

Die »Insel« lässt sich in alle Richtungen variieren, abhängig davon, was man damit machen/trainieren möchte. Die »Insel« fand bei mir Einzug, weil es immer wieder Hunde gibt – z.B. manche junge, alte, dünnhaarige -, die ungern bis gar nicht ein »Platz« in feuchter Wiese oder auf kaltem Boden ausführen (wollen), vor allem nicht im Winter, wenn womöglich noch Schnee liegt oder der Boden kalt gefroren ist. Ich suchte nach einer guten Lösung, um Diskussionen in jeder Richtung gar nicht erst entstehen zu lassen. Gleichzeitig sollte es etwas leicht zu reinigendes, ein outdoor geeignetes, stabiles und unempfindliches Utensil sein. Etwas in Richtung einer Turnmatte war angedacht. In der Hundematte der Hundebettenmanufaktur Doggybed, Lünen, NRW, fand ich genau das Richtige für meine Pläne. Sowohl die Matte, als auch ein großes Hundebett, welches individuell durch die Manufaktur mit outdoor geeigneter Unterfläche versehen wurde, erfüllen exakt die Dienste, für welche ich sie haben wollte.

Beispiele für Insel-Übungen

Für wen?

Je nach Aufbau und Inhalt der Übung für jedes Mensch-Hund-Team geeignet, sehr hilfreich im Training mit jungen Hunden.

Wie?

1. »Inseln« bieten die Möglichkeit, »erlaubte« und »unerlaubte« Bereiche zu

trainieren und auf diese Weise ein »Bleib« zu etablieren. Dafür sollte die Matte größer sein, damit der Hund sich darauf bewegen kann. Auf der Matte gibt es Zuwendung und Sozialkontakt, versucht er, die Matte zu verlassen, wird er körpersprachlich oder/und auch mit fester Stimme (das heißt aber nicht, dass der Hund angebölkt werden muss!) zurückgeführt. Anhand unterschiedlicher Reaktionen des Menschen kann der Hund lernen, welche Verhaltensweise für ihn lohnenswert und erfolgversprechend ist.

2. »Inseln« eignen sich für Clicker-Übungen. Wird die Insel aufgesucht, gibt es den Click und die Belohnung. Daraus lässt sich leicht ein Vorausschicken erarbeiten. Oder man lässt den Hund nachdenken und ausprobieren und vermittelt durch »Click«, welche Position auf der Matte gewünscht wird (z.B. Sitz oder Platz).

3. »Inseln können als Ruhe-/Verweilorte genutzt werden.

»Insel-Übungen« lassen sich gut in den Vario-Zirkel mit einbauen.

Vorsicht

Es gibt Hunde, die die Matte (oder sonstige »Inseln) als ihr Eigentum oder ihren Bereich definieren und verteidigungsbereit reagieren. Für solche »Kandidaten« sind derartige Hilfsmittel selbstverständlich ungeeignet.

Wau Wie Was

Wau Wie Was ist ein Wissens- und Aktionsspiel, welches vor einigen Jahren von Birgit Fischer zusammengestellt und im Kynos-Verlag angeboten wurde. Leider ist es heute nicht mehr erhältlich, doch lohnt es sich, im Antiquariat danach Ausschau zu halten. Alternativ kann man sich nach eigenem Gusto selber etwas zusammenstellen, was dann einen vergleichbaren Zweck erfüllt. Im Spiel gibt es

120 Karten zu verschiedenen Wissensgebieten (Gesundheit, Allgemeines, Erziehung, Verhalten, Hundesport), auf welchen es zu jeder Frage verschiedene Antwortmöglichkeiten gibt. Weiter befinden sich 30 Aktionskarten im Spiel, die mit lustigen oder Geschicklichkeit erfordernden Aufgaben Gehorsam und Erziehung abfragen. Wer richtig antwortet und seine Praxisaufgabe meistert, der bekommt einen Punkt oder darf auf dem abgesteckten Spielfeld ein Feld vorrücken. Der Spaßfaktor ist groß!
Im Spiel befindet sich ein Begleitheft, welches weitere Spielvarianten mit den Karten aufführt, z.B. »Dogopoly«, »Hund, ärgere Dich nicht«, »Schnitzeljagd«.

»Wau Wie Was«-Karten oder ein selbstgestaltetes Pendant lassen sich gut in den Vario-Zirkel mit einbauen.

Vario-Zirkel

Der Vario-Zirkel ist ein Trainings-Spaß-Spiel-Denk-Konzentrier-Parcours, der in abwechslungsreicher Form verschiedenste Bereiche des Hundes (und des Menschen!) ansprechen soll. Körperliches Tun, Denken, Spaß, Action, aber auch kurzes, konzentriertes Tun wechseln sich ab und verhindern, dass sich Langeweile einschleicht oder Abläufe sich automatisieren. So sind alle Beteiligten mit mehr Freude bei der Sache und das Lernen fällt leichter, ohne weniger einprägsam zu sein.

Für wen?

Vario-Zirkel lassen sich im kleinen Rahmen bereits mit älteren Welpen absolvieren. Bei Junghunden verhindern sie, dass rein »stupides Schemalaufen« zur Langeweile führt. Und unsere Senioren können ebenfalls sinnvoll gefördert und altersgemäß gefordert werden.

Wie?

Der Vario-Zirkel lässt sich streckenmäßig variieren (eine Bahn sportlich mit Hürden, Steg, Wippe, eine Bahn mit Gehorsamsstationen, eine Bahn mit Spiel- und Schnüffelstationen und eine Bahn mit Denk- und Konzentrationsstationen oder Stationen zu Körperbewusstsein wie z.B. Cavaletti, Stangenlabyrinth u.ä.). Es lässt sich aber auch alles innerhalb des Zirkels abwechseln und somit ein ganzheitliches Training aufbauen, bei welchem alle Sinne angesprochen werden.

Der Vario-Zirkel kann kleiner oder größer aufgebaut werden, je nach Lust, Laune, Intention und Art der Stationen. Er kann einzeln nacheinander abgearbeitet werden. Er kann aber auch von mehreren Teilnehmern gleichzeitig an verschiedenen Ecken begonnen werden, so dass durch die anderen Mensch-Hund-Teams zusätzliche Ablenkungsreize gesetzt werden. Oder einige Teilnehmer legen ihre Hunde innerhalb oder außerhalb des Zirkels ins »Platz« oder, oder, oder. Auch hier sind der Phantasie kaum Grenzen gesetzt.

Ideensammlung
(ohne Anspruch auf Vollständigkeit)
Sportgeräte > Einzelne Sportgeräte aus dem THS oder dem Agility können eingebaut werden (z.B. Tunnel, Wippe, Steg, Hürden). Die einzelnen Geräte müssen bekannt sein, wenn das Mensch-Hund-Team eigenständig daran arbeitet. Unbekannte Geräte müssen vorab einzeln geübt werden und dürfen nur mit

Hilfestellung und unter Aufsicht angegangen werden. Da es im Vario-Zirkel nicht um reinen Hundesport geht, sollten Sprünge nicht zu hoch und allgemein zu meistern möglich sein!

Schnüffelstationen > Es kann eine kleine Fährte gelegt, gestreut oder gespritzt (Fleischwasser, Pansenmehl o.ä.) werden, zum leichteren Aufbau geschieht dies nicht in Laufrichtung des Zirkels, sondern im rechten Winkel davon weg nach außen. Dinge wie Sniffstar, Sniffbox, Sniffpads oder Schnüffelrasen können gut mit eingesetzt werden. Auch eine kleine Geruchsunterscheidung ist gut möglich. Die Schnüffelstationen dürfen vom Hund eigenständig abgearbeitet werden.

Gehorsam > Im Rally Obedience werden gern Positionskarten oder -stäbe eingesetzt, die auch im Vario-Zirkel gute Dienste leisten. Sie geben an, welche Position vom Hund auszuführen ist, so dass der Mensch sich nichts merken muss,

sondern vor Ort sieht, welche Aufgabe gestellt wird. »Sitz« oder »Bleib«-Positionen lassen sich dabei auch leicht in »Bleib«-Varianten verwandeln, indem in einigem Abstand eine Pylone oder ein Stab abgestellt wird, die/der vom Mensch zu umrunden ist. Alle gängigen Kommandos lassen sich leicht bildlich nachstellen (Sitz, Platz, Steh, Fuß, Hopp-Apport usw.). Auch Übungen zur Impulskontrolle lassen sich gut einbinden.

Konzentration und Balance > Hier lassen sich quasi alle Elemente der Tellington-Bodenarbeit, Dinge aus dem Tierphysiobereich, Geräte wie Cavaletti, Trampolin und »Schwebebalken« mit Laufstrecken aus schmalen Holzbalken, Gitterelementen, variierenden Belägen usw. einbauen. Übereinandergestapelte Autoreifen zum Beklettern, ausgelegte Kunststoffrohre verschiedener Dicke und von ca. 1 m Länge am Boden ausgelegt zum Überschreiten, ein leerer Wasserkasten mit seitlich in verschiedenen Höhen und in unterschiedlichen Winkeln abgehenden Kunststoffstangen als Stangenlabyrinth. Wer mag, kann auch eine Zeigegesten-Station mit integrieren! Wieder ist die eigene Phantasie gefragt und gefordert.

Balancieren auf Baumstämmen bitte nur zulassen, wenn diese fest liegen und nicht mehr rollen können.

Ein Schluss ohne Ende

Auch wenn der Raum des Buches begrenzt ist, die Möglichkeiten, Varianten, Ergänzungen sind schier endlos! Deshalb kann und soll das zuvor Geschriebene auch nur Anregungen geben, den Leser ermuntern, die eigene Phantasie walten zu lassen, selber kreativ Dinge auszuprobieren. Sicherlich fällt Ihnen noch eine Menge ein! Und wenn doch die gähnende Leere um sich greift, finden Sie im Anhang weitere Quellen, die Ihnen Input bieten. Solange es Ihnen, Ihrem Hund und Ihren Mitstreitern Spaß macht, ist ein wesentlicher Zweck erfüllt. Wenn Sie dann auch noch bestimmte Dinge an Ihrem zwei- oder vierbeinigen Gegenüber erkennen, in Zusammenhang bringen und ein Fazit in eine bestimmte Richtung ziehen können, dann hatte der Spaß einen lehrreichen Nebeneffekt. Und das ist doch gut – oder?

Quellen / Adressen / Tipps

Buch- und DVD-Empfehlungen

Ina und Thomas Baumann
ZOS – Zielobjektsuche: Start, Suche und Anzeige
Kosmos, 2016

Pia C. Gröning
Hürdenrennen mit Geruchsunterscheidung
DVD, 2011

Petra Krivy, Angelika Lanzerath
Hunde verstehen
Müller Rüschlikon Verlag, 2010/2018

Petra Krivy, Angelika Lanzerath
Was ein Welpe lernen muss
Müller Rüschlikon, 5. Auflage 2017

Petra Krivy, Angelika Lanzerath
Alte Hunde
Müller Rüschlikon, 2015

Imke Niewöhner
Obedience-Training Schritt für Schritt
Kynos, 2018

Christina Sondermann
Das große Spielebuch für Hunde
Cadmos, 2005/2014

Christina Sondermann
Einfach schnüffeln – Nasenspiele für den Hunde-Alltag
Ulmer, 2017

Christina Sondermann
KauSpielSpaß für Hunde – Leckere Beschäftigungsideen einfach selbst gemacht
Ulmer, 2014

Christina Sondermann
Denksport für Hunde – Knobelspiele schnell und einfach selbst gemacht
Ulmer, 2017

Maria Hense, Christina Sondermann
Spiele für die Hundestunde
Cadmos, 2007/2017

Petra Krivy, Angelika Lanzerath
Beschäftigungsideen für den Familienhund - DVD
Müller Rüschlikon/Dogtale Movies, 2015

Produktempfehlungen

Knauders Best
Mollenbachstraße 33-35
71229 Leonberg
Tel.: 0711 - 88827869
E-Mail: kontakt@knaudersbest.com

DoggyBed
Uwe J. Holler
Schützenstraße 32–34
44534 Lünen
Tel.: 02306 - 206743
Fax: 02306 - 979311
E-Mail: info@doggybed.de

Hobbywerkstatt Klaus Andrich
Am Kamp 8
24594 Wagenfeld
Tel.: 04871 - 7610789
E-Mail: kandrich@t-online.de

Birgit Fischer: **Wau Wie Was,** Kynos, 2007
> im Handel vergriffen, im Antiquariat oder über Internetplattformen erhältlich

Interessante Webadresse

http://www.spass-mit-hund.de/

Unsere Erfolgsreihen
auf einen Blick ...

DIE REITSCHULE (AUSWAHL)

Urte Biallas, **Bodenarbeitskurs**, ISBN 978-3-275-02053-9
Kerstin Diacont, **Dressur für Fortgeschrittene**, ISBN 978-3-275-01749-2
Marlit Hoffmann, **Reiterrallyes – Reiterspiele**, ISBN 978-3-275-01850-5
Petra Dürr/Carola Steen, **Kaltblutpferde reiten**, ISBN 978-3-275-01939-7
Hannelore Leiser, **Voltigieren für Einsteiger**, ISBN 978-3-275-02144-4
Angelika Schmelzer, **Pferde erziehen**, ISBN 978-3-275-01709-6
Angelika Schmelzer, **Reiten im Gelände**, ISBN 978-3-275-01748-5
Sabine Schweickert, **Fahren für Einsteiger**, ISBN 978-3-275-02079-9
Viviane Theby, **So lernen Pferde**, ISBN 978-3-275-02081-2
Jutta Plötz, **Islandpferde**, ISBN 978-3-275-02052-2
Karen Uecker, **Der Reitbegleithund**, ISBN 978-3-275-01969-4
Sigrid Weppelmann, **Basispass Pferdekunde**, ISBN 978-3-275-01750-8

DIE HUNDESCHULE (AUSWAHL)

Alexandra Hoffmann, **Futter gibt's nur von mir**, ISBN 978-3-275-02074-4
Micaela Köppel, **Spiel und Spaß für jeden Tag**, ISBN 978-3-275-01732-4
Petra Krivy/Angelika Lanzerath, **Darf der das?**, ISBN 978-3-275-01835-2
Petra Krivy/Angelika Lanzerath, **Hunde verstehen**, ISBN 978-3-275-02116-1
Petra Krivy/Angelika Lanzerath, **Was ein Welpe lernen muss**, ISBN 978-3-275-01689-1
Petra Krivy/Angelika Lanzerath, **Einfach gut erzogen**, ISBN 978-3-275-02082-9
Uta Reichenbach/Gabriele Lehari, **Sinnvolle Beschäftigung**, ISBN 978-3-275-01929-8
Monika Schaal/Ursula Breuer, **Gastfreundlich**, ISBN 978-3-275-01862-8
Manuela van Schewick, **Apportieren mit Spaß,** ISBN 978-3-275-01754-6
Manuela van Schewick, **Kind trifft Hund,** ISBN 978-3-275-01979-3
Karen Uecker, **Hunde spielend motivieren,** ISBN 978-3-275-01998-4

HAPPY CATS (AUSWAHL)

Sylvia Born, **Katzenkinderstube**, ISBN 978-3-275-01864-2
Nina Ernst, **Zufriedene Stubentiger**, ISBN 978-3-275-01760-7
Gabriele Müller, **Miau – Katzensprache richtig deuten**, ISBN 978-3-275-01782-9
Gabriele Müller, **Katzenspiele**, ISBN 978-3-275-01811-6
Annette Thomée, **Gesunde Katze**, ISBN 978-3-275-01839-0

Jedes Buch mit 96 Seiten
ca. 80 Abb., broschiert
je € 11,95 | €(A) 12,40

Müller Rüschlikon